Hans-Peter Bergmann

Selbst alte Möbel restaurieren

Compact Verlag

Herausgeber: Hans-Peter Bergmann
Mitarbeiter: Michael Becker,
Michael Cresswell, Cora Diemer,
Heike Geese, Fritz Hagen, Michael
Mayer, Rosemarie De Nobili, Thomas
Pölt, Jens Ruhnau, Birgit Schneider

Folgende Firmen stellten Abbildungs- und
Informationsmaterial zur Verfügung:
Arbeitsgemeinschaft Holz e. V.
Füllenbachstr. 6, 40474 Düsseldorf,
Tel.: 02 11 /43 46 35: Abb. S. 6-9.
DESOWAG-Bayer Holzschutz GmbH,
Roßstraße 76, 40476 Düsseldorf,
Tel.: 02 11 /45 67-1: Abb. S.14.
G. Blechschmidt-Beschläge, Inh.: Günter
Guggenberger, Amalienstraße 24,
80333 München, Tel.: 0 89/28 47 57:
S. 26, 27, 64-66.
Öko-Logische Schädlingsbekämpfung,
J. Kretzschmar, Sophienstr. 1,
80333 München, Tel.: 0 89/52 80 00.

Umschlaggestaltung: Inga Koch
Printed in Germany
ISBN 3-8174-2223-7
2222239

Ein Wort zuvor

Selbermachen – ein Hobby, das heute für Millionen zur sinnvollen Freizeitbeschäftigung geworden ist. Ob es sich um wertvolle Schränke, alte Rahmen oder um antike Sitzmöbel handelt, mit etwas Geschick und einer fachmännischen Anleitung lassen sich verblüffende Ergebnisse erzielen: kleineren Reparaturen, beim Ergänzen oder bei aufwendigen Restaurierungen.

Und Selbermachen bringt Spaß, Freude an der eigenen Arbeit, deren Ergebnis man Tag für Tag sehen und »bewundern« kann; es spart Geld, mit dem sich langgehegte Wünsche erfüllen lassen, und es macht unabhängig von Handwerkern, auf die man womöglich wochenlang und schließlich vergeblich gewartet hat.

Fachgeschäfte, Heimwerker- und Baumärkte versorgen den Hobbyhandwerker mit allen Werkzeugen und Materialien, die er braucht. Doch richtiges Werkzeug und Begeisterung allein reichen nicht aus. Unerläßlich sind eine gründliche Vorbereitung und Fachkenntnisse, wie eine Arbeit durchzuführen und was dabei zu beachten ist.

COMPACT PRAXIS **Selbst alte Möbel restaurieren** zeigt Ihnen, wie man's macht. Mit wertvollen Tips und Tricks, die sich in der Praxis tausendfach bewährt haben. Jeder Arbeitsgang wird ausführlich Schritt für Schritt gezeigt und in Bild und Text erläutert.

Übersichtliche Symbole zeigen auf einen Blick, mit welchem Schwierigkeitsgrad, welchem Kraft- und Zeitaufwand Sie bei jedem Arbeitsgang rechnen müssen, welche Werkzeuge Sie brauchen und wieviel Geld Sie durch Ihre eigene Arbeit einsparen können.

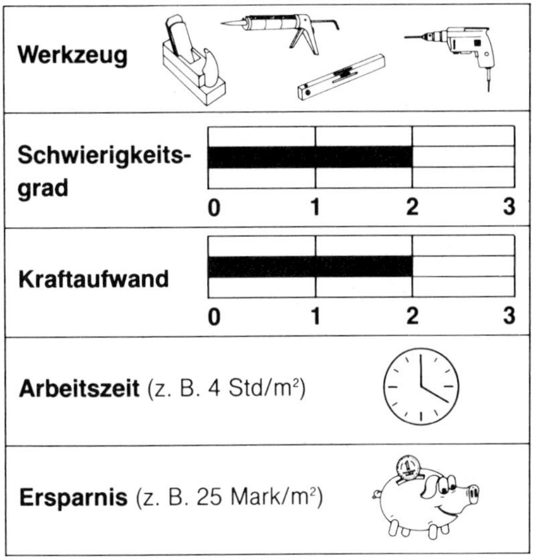

Und so stufen Sie sich richtig ein:

Schwierigkeitsgrad 1 – Arbeiten, die auch der Ungeübte ausführen kann. Es ist nur geringes handwerkliches Geschick erforderlich.

Schwierigkeitsgrad 2 – Arbeiten, die einige Übung im Umgang mit Werkzeug und Material erfordern. Es ist handwerklich durchschnittliches Geschick notwendig.

Schwierigkeitsgrad 3 – Arbeiten, die fachmännische Übung erfordern. Überdurchschnittliches Geschick ist erforderlich.

Kraftaufwand 1 – leichte Arbeit, die jeder bequem erledigen kann.

Kraftaufwand 2 – Arbeiten, die eine gewisse körperliche Kraft voraussetzen.

Kraftaufwand 3 – Arbeiten für kräftige Heimwerker, die keine »Knochenarbeit« scheuen.

Inhaltsverzeichnis

Inhalt

Ahorn

Birke

Birne

Einheimische Holzarten

Seit dem letzten Jahrhundert hat sich die Herstellung von Möbeln stark verändert. Industrielle Fertigung und neue exotische Holzarten sind ein Grund dafür. Preßspan hat das Massivholz verdrängt, und anstatt der einheimischen Holzarten werden mehr und mehr Hölzer aus Afrika, Asien und Amerika verwendet.
Trotzdem werden hier nur einheimische Holzarten vorgestellt, da für alte Möbel früher meist nur diese Hölzer verwendet wurden, die im Land seiner Herstellung wuchsen.

Laubhölzer

Ahorn: Es gibt viele verschiedene Arten des Ahorns. Die bekanntesten und verbreitetsten bei uns sind der Bergahorn, der Spitzahorn und der Feldahorn. Das begehrteste und wertvollste Möbelholz des Ahorns stammt vom Bergahorn. Je nach Art und Vorkommen geht die Farbe von fast reinweiß beim Bergahorn bis hin zu rötlich beim Feldahorn. Blind- und Kernholz sind voneinander kaum zu unterscheiden. Verwendet wird das Ahornholz vor allem für sehr helle Schlafzimmer- und Wohnzimmermöbel. Auch im Geigenbau und als Schnitzholz findet es Verwendung. Ahorn ist sehr gut als Furnierholz geeignet. Da es ein sehr dichtes und ebenmäßiges Holz ist, eignet es sich sehr gut zur Oberflächenbehandlung.

Birke: In Mitteleuropa kommen hauptsächlich zwei Birkenarten vor, die wirtschaftlich von Bedeutung sind: Birke (Gemeine Birke, Weißbirke) und die Haarbirke (Moorbirke, Ruchbirke). Die Farbe des Birkenholzes ist abhängig von der Art, meist jedoch blaßgelb bis hellbraun und zum Kern hin etwas dunkler. Birkenholz dunkelt gerne nach. Da es ein sehr zähes Holz ist, wird es vor allem in der Stuhl- und Tischfabrikation verwendet.

Auch eignet es sich hervorragend für Drechslerarbeiten. Als Furnier kommt es hauptsächlich als Schäl- oder Messerfurnier für Möbel vor. Die Oberfläche kann mit allen bekannten Oberflächenmitteln behandelt werden.

Birnbaum: Als Obstbaum unterscheidet man beim Birnbaum kultivierte und wildwachsende Arten. Es gibt zwanzig verschiedene Birnbaumarten, die nocheinmal in verschiedene Untergruppen unterteilt werden. Da die Birne ein Reifholzbaum ist, gibt es zwischen Kern- und Splintholz keine farblichen Unterschiede. Die einheitliche blaßgraue bis rötlichbraune Färbung geht bei älteren Stämmen oft in ein intensiveres Rot über. Gerade beim Birnbaum gibt es je nach Wuchsstandort starke farbliche Unterschiede. Besonders begehrt und gern verwendet ist das Holz des wildwachsenden Birnbaums. Als Massivholz wird es für Musikinstrumente und Werkzeuge verwendet, als Furnier ist es besonders im Jugendstil verwendet worden. Als schwarz durchgebeiztes Furnier kommt es für Klaviere und Flügel vor.

Buche: Der klassische deutsche Laubbaum ist die Buche. Wenn von Buche allgemein gesprochen wird, ist immer von der Rotbuche die Rede. Die Rotbuche ist mit der Weißbuche in keiner Weise verwandt. Auch sind hier Splint und Kern nicht deutlich unterschieden. Die Farbpalette reicht von blaßgelblicher bis zu rötlicher Tönung. Durch spezielle Verfahren, z. B. Dämpfung, kann der rote Farbton noch verstärkt werden. Rotbuchenholz findet in der Holzindustrie vielfache Verwendung: von der Eisenbahnschwelle über die Wäscheklammer, bis hin zu Büromöbeln und anderen Sitzmöbeln. Als Furnier ist es als Deckfurnier für Sperrholz begehrt.

Eiche: Unter den über zweihundert Arten ist bei uns bevorzugt die Stiel- oder Sommereiche und die Trauben- oder Wintereiche heimisch. Da es sich um einen Kernholzbaum handelt, sind Splint und Kern farblich voneinander unterschieden. Der Splint ist 2,5 bis 5 cm breit und gelblichweiß. Er setzt sich deutlich vom graugelben Kern ab. Als Massiv- oder Vollholz wird Eiche bei starken Belastungen des Holzes eingesetzt, z. B. als Parkettboden oder im Waggonbau, als Treppen und Eisenbahnschwellen. Als Furnierholz wird es in Stärken

Buche

Eiche

Esche

Kirsche

Nuß

Rüster

von 1,8 mm bis 2,7 mm hergestellt. Besonders rustikale Möbel werden gerne aus Eichenfurnier und Eichenholz hergestellt. Neben den üblichen Oberflächenbehandlungen eignet sich das Eichenholz besonders gut zum Räuchern und Kalken.

Esche: Die Esche gehört zur Familie der Ölbäume. In unseren Breiten kommt nur die gemeine Esche vor. Die Esche ist ein Kernholzbaum, jedoch tritt der Farbunterschied im allgemeinen erst bei sehr alten Bäumen auf. Junge Bäume haben ein sehr helles Holz. Die Farbe geht von weißlich bis gelblich, manchmal mit einem rötlichen Stich.

Kirschbaum: In Europa kommen hauptsächlich drei Kirschbaumarten vor: die Wald-, Vogel- oder Süßkirsche, die Weichsel- oder Sauerkirsche und die Traubenkirsche. Als Möbelholz ist das der wildwachsenden, unkultivierten Hölzer begehrter, da es eine ausgeprägtere Struktur hat. Kern- und Splintholz sind farblich stark voneinander getrennt. Der Splint ist schmal und rötlichweiß. Der Kern etwas dunkler und hellrötlichbraun. Das Kirschbaumholz ist ein ausgesprochenes Ausstattungsholz, d. h. es wird hauptsächlich für Möbel und kunstgewerbliche Gegenstände, sowie Musikinstrumente verwendet. Als Furnierholz war es besonders im Biedermeier begehrt. Kirschbaumholz läßt sich leicht polieren und sehr gut beizen.

Nußbaum: Der Nußbaum war ursprünglich in Asien beheimatet. Erst durch die Römer wurde er bei uns eingeführt und später kultiviert. Nußbäume können ein Alter bis zu 400 Jahren erreichen. Als Kernholzbaum sind Splint- und Kernholz farblich deutlich voneinander getrennt. Das Splintholz ist graurosa gefärbt und das Kernholz hat meist blaßrosa Färbung. In trockenem Zustand changiert besonders das Kernholz ins Rötliche. Zwar wird Nußbaumholz nur in wenigen Bereichen verwendet, dafür ist es dort aber um so begehrter. Die bekannteste und verbreitetste Verwendung des Nußholzes ist als Möbelfunier. Man unterscheidet hier zwischen dem Stamm- und dem Wurzelholz. Das Wurzelholz ist mit seiner markanten Struktur besonders dekorativ. Als Vollholz wird es vor allem für die Klavierfabrikation, für Parkett, Täfelungen und Gewehrschäfte verwendet, und hin und wieder auch für Drechslereiarbeiten. Nußbaumholz eignet sich ausgezeichnet zum Beizen und Polieren.

Rüster(Ulme): Die Ulme oder auch Rüster genannt kommt in Mitteleuropa in drei Arten vor: Die Feldulme (Feldrüster, Rotrüster, gemeine Rüster), die Bergrüster (Bergulme) und die Flatterulme (Weißulme). Durch das »Ulmensterben« ist der Bestand der Ulmen sehr gefährdet. Splintholz und Kernholz sind bei der Ulme deutlich unterschieden. Der meistens sehr breite Splint ist gelbweiß bis grau, das Kernholz dunkelbraun (Feldulme) bis hellbraun (Bergulme).

Nadelhölzer

Fichte: Nahezu 40% der Waldfläche der Bundesrepublik nehmen Fichtenwälder ein. Die Fichte ist die am weitesten verbreitete Baumart Europas. Ihr vielseitig verwendbares Holz ist in allen Bereichen der Möbel- und Holzindustrie begehrt. Die gleichmäßige weiße bis gelblichweiße Färbung unterscheidet nicht zwischen Splint- und Kernholz. Älteres Fichtenholz dunkelt nach und erhält eine Farbe von gelblichbraun bis hellbraun. Hin und wieder tritt eine leicht rötliche Färbung auf.

Kiefer: Ähnlich wie die Fichte ist auch die Kiefer bei uns sehr weit verbreitet. 27% der Waldfläche der Bundesrepublik bestehen aus Kiefernwald. Kern- und Splintholz sind besonders nach langer Lagerung deutlich voneinander zu unterscheiden. Das Splintholz ist dabei heller als das Kernholz. Oft wird Kiefer als Deckfurnier bei Sperrholz eingesetzt.

Lärche: Die Lärche, die bei uns von den Römern eingeführt wurde, kann sehr alt werden und eine Höhe von 40 bis 50 Metern erreichen. Auffällig am Lärchenholz ist die farblich deutliche Trennung zwischen Splint- und Kernholz. Das hellbraun gelbliche Splintholz unterscheidet sich stark vom meist rötlichen Kernholz. Wegen seiner Festigkeit und Dauerhaftigkeit wird es für Fenster und Profilbretter, Fußböden und vieles mehr verwendet. Meist als Messerfurnier, wird es häufig auch für Möbel verwendet, die durch die kontrastreiche Färbung einen bäuerlich-lebhaften Charakter erhalten.

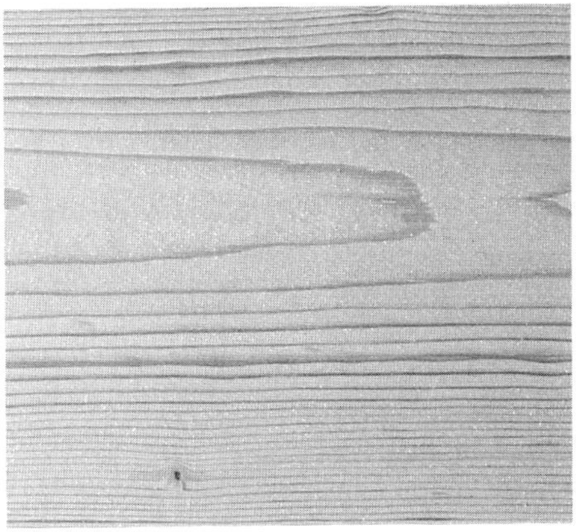
Fichte

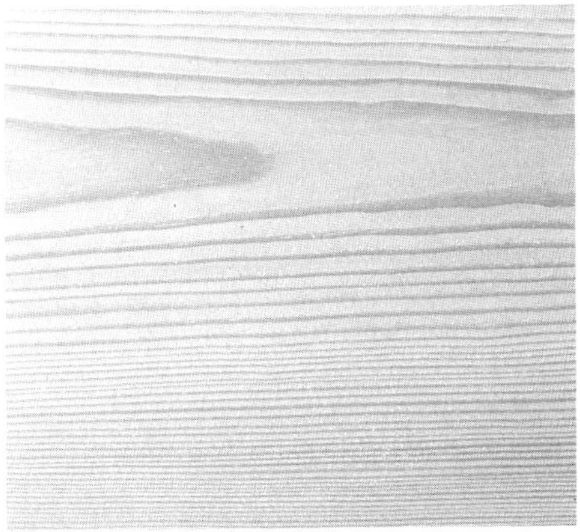
Kiefer

Lärche

Der Aufbau des Holzes

Holz ist ein Werkstoff der Natur. Auch wenn Holz bereits verarbeitet ist, »lebt« es immer noch. Man sagt, es »arbeitet«. Um diese Vorgänge verstehen zu können und Freude bei der Verarbeitung von Holz zu haben, ist es notwendig, daß Sie auch den inneren Aufbau dieses natürlichen Werkstoffs etwas kennenlernen. Unkenntnis und mangelnder Sachverstand haben bei der Verarbeitung von Holz schon oft zu großen Enttäuschungen geführt.

1. Von außen nach innen baut sich ein Baum folgendermaßen auf: Die äußere Rinde, auch Borke genannt, ist die Schutzhaut des Baumes. Sie ist Schutz gegen Kälte, Hitze, zu hohe Verdunstung und pflanzlichen und tierischen Schädlingsbefall. Ähnlich wie die menschliche Haut, erneuert sie sich ständig von innen nach außen.

2. Unter der Borke befindet sich die zweite Schicht, die innere Rinde, auch Bast genannt. Sie ist nur relativ kurzlebig. Ihre Aufgabe ist es, alle Baumteile mit Nahrung zu versorgen. Bereits nach kurzer Zeit stirbt sie ab und verwandelt sich in Kork. Dadurch wird sie ein Bestandteil der äußeren Rinde.

3. Für das Wachstum verantwortlich ist die sogenannte Zellschicht. Sie produziert nach außen die innere Rinde und nach innen das Splintholz. Diese Schicht, die auch Kambium heißt, wird von Hormonen gesteuert, die im Frühjahr von den Blattknospen und Zweigspitzen produziert werden. Diese Zuwachsschicht sorgt nicht nur für das Dickenwachstum des Holzes, sondern auch für das Höhenwachstum. Der Wachstumsprozeß wird durch die Jahreszeiten beeinflußt. Sie erkennen dies an den Jahresringen. Großvolumige Zellen produzieren im Frühjahr das sogenannte Frühholz, im Sommer produzieren Zellen mit kleinerem Volumen das sogenannte Spätholz. Tropische Hölzer, die aus Gebieten mit geringen Klimaschwankungen kommen, haben daher meist nur schwer erkennbare Jahresringe.

4. Die Versorgung mit Wasser erfolgt durch das sogenannte Splintholz. Durch dieses wird das Wasser bis in die Baumkronen geleitet. Die Zellschicht des Baumes produziert neue Splintholzringe. Die alten Splintholzringe werden dadurch zum Kernholz.

5. Das Skelett, das tragende Gerüst des Baumes, ist das Kernholz. Obwohl es selbst nicht mehr lebt, ist es doch das härteste Material des Baumes. Es zerfällt solange nicht, solange die äußeren Schichten noch leben. Im Hinblick auf Festigkeit braucht es den Vergleich selbst mit Stahl nicht zu scheuen.

6. Das Herz des Baumes ist die Markröhre. Sie ist durch die sogenannten Markstrahlen mit den äußeren, nährstofftransportierenden Schichten verbunden.

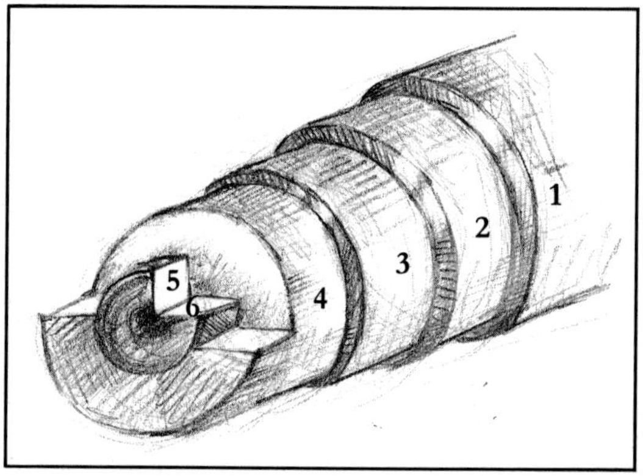

Der Aufbau eines Stammes

Geschnittenes und verleimtes Holz

Nach dem Fällen kommt das Holz zur Verarbeitung in das Sägewerk. Dort wird der Stamm zersägt. Grundsätzlich unterscheidet man zwischen zwei Schnittarten, dem sogenannten Querschnitt oder Hirnschnitt und dem Längsschnitt, der parallel zum Stamm verläuft. Um den Baum zu zersägen, gibt es verschiedene Möglichkeiten. Sie hängen von der späteren Verwendung und vom Wert des Holzes ab. Die einfachste und billigste Methode ist der sogenannte Parallelschnitt. Damit wird der Stamm in Bretter zersägt. Die stärksten Bretter werden hier aus der Mitte gesägt. Schmälere Bretter werden an beiden Seiten von innen nach außen gesägt. Beim Besäumen des Holzes, d. h. beim Abschneiden der Rinden, entsteht so ein sehr geringer Verschnitt. Eine zweite, viel aufwendigere Methode des Zuschnitts ist der sogenannte Viertelschnitt – senkrecht und waagrecht zum Kern werden Kernbretter ausgeschnitten. Bei diesem Verfahren kommt die Maserung des Holzes bei den Kernbrettern besonders gut zur Wirkung. Noch aufwendiger, dafür aber im Ergebnis hochwertiger, ist der sogenannte Radialschnitt. Hierfür wird sternförmig zur Markröhre hin gesägt. So gesägte Bretter haben daher eng zueinander stehende Jahresringe. Das bedeutet, daß sie sich nur sehr wenig werfen und auch in der Breite nur geringen Schwund aufweisen.

Wer selbst schon einmal Naturholz verarbeitet hat, wird sicher schon festgestellt haben, daß Holz »arbeitet«, d. h. das Holz verzieht sich in

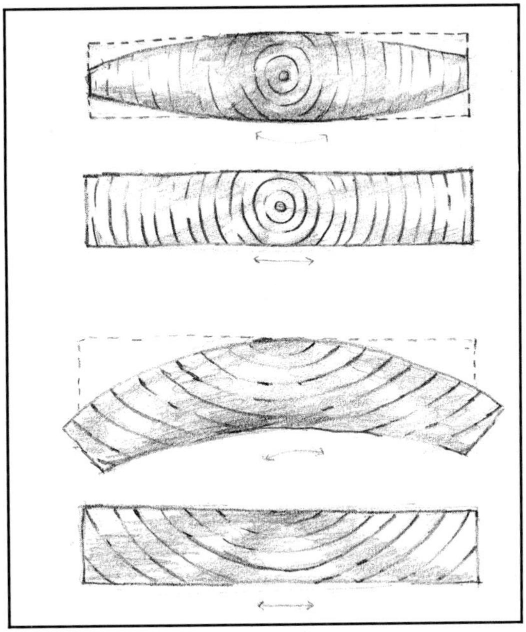

Verschiedene Schnittarten

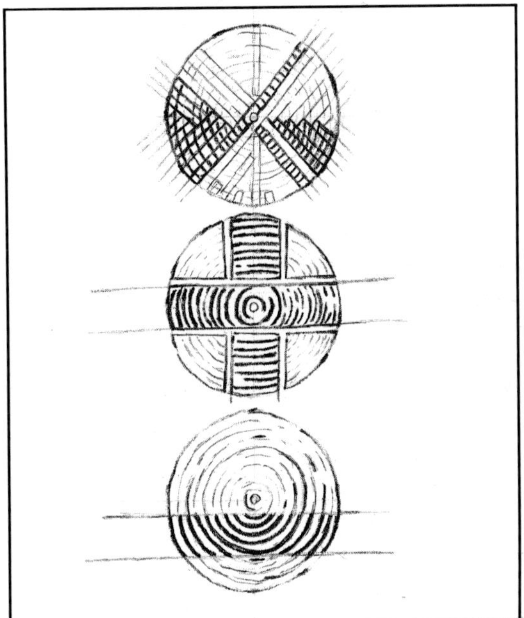

Schwinden des Holzes

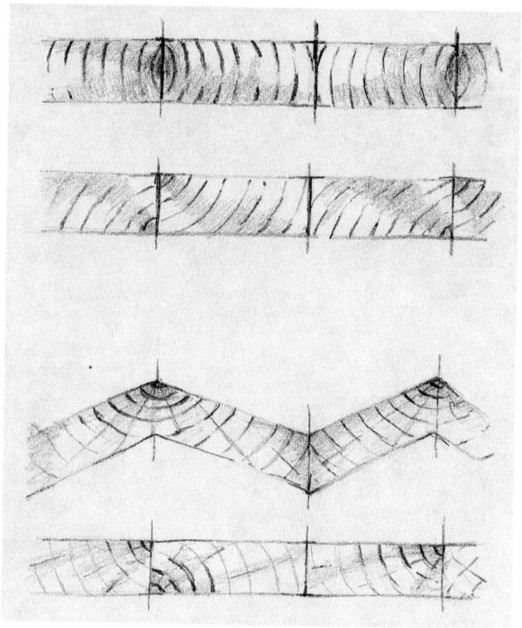

Kern an Kern und Splint an Splint!

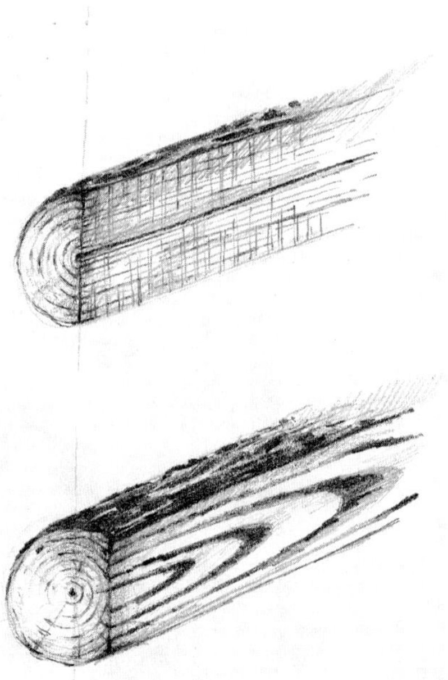

Radial- und Tangentialschnitt

eine Richtung. Dies geschieht nicht willkürlich, sondern nach bestimmten Regeln. Diese zu kennen und darüber Bescheid zu wissen, bewahrt Sie vor späteren Enttäuschungen. Holz hat die Eigenschaft, sich grundsätzlich vom Kern weg, also entgegengesetzt zu den Jahresringen, zu werfen. Eine Ausnahme hierbei bildet das sogenannte Kernbrett. Dieses Brett ist genau senkrecht durch die Mitte des Stammes geschnitten, aber auch dieses Brett hat einen »Schwund«. Im Splintholzbereich, also dem vom Kern entferntesten Bereich, wird es gleichmäßig schmäler. Schwund und Werfen des Holzes rühren daher, daß aus der stark wasserführenden Holzschicht das Wasser beim Trocknen verdunstet. Dadurch schwindet die Masse des Holzes. Durch das Schwinden verändern nicht nur Bretter Form und Umfang, sondern auch Vierkanthölzer. Holz schwindet nicht nur in der Breite, sondern auch in der Länge. In der Längsrichtung schwindet es um 0,1%, in der Richtung der Jahresringe bis zu 10%. Das Schwinden des Holzes macht sich auch beim Verleimen bemerkbar. Durch geschicktes und richtiges Verleimen kann jedoch verhindert werden, daß sich das Holz wirft. Verleimen Sie daher immer, wie in der Zeichnung gezeigt, Kern an Kern und Splint an Splint.

Der Spiegelschnitt verläuft parallel zum Stamm durch die Mittelachse. Die Bezeichnung Spiegelschnitt kommt daher, daß beim Radialschnitt die Markstrahlen, die die Markröhre mit den nahrungsführenden Schichten verbindet, sichtbar sind. Diese Markstrahlen spiegeln oft nach dem Aufschneiden, man nennt sie daher auch Spiegel. Die Schnittfläche des Radialschnitts wirkt ausgewogen und ruhig im Gegensatz zur Schnittfläche des Tangentialschnitts. Der Tangentialschnitt verläuft parallel zur, aber nicht durch die Mittelachse. Dieser Schnitt außerhalb der Markröhre hat eine lebhafte Fladerung.

Die verschiedenen Furniere

Es gibt verschiedene Arten der Furnierherstellung. Die älteste Furnierart ist das sogenannte Sägefurnier. Bei dieser Herstellung muß das Holz vorher nicht gedämpft werden. Dies zu wissen ist deshalb wichtig, da das Holz durch den Dämpfprozeß seine Farbe ändert und auch anders als unbehandeltes Holz auf Färben und Beizen reagiert. Für den Restaurator ist es darum wichtig, beim Ergänzen von alten Furnieren möglichst Holz zu verwenden, das in gleicher Weise behandelt oder nicht behandelt wurde.

Heutzutage hat jedoch das Messerfurnier für den Möbelbau die größte Bedeutung. Es wird üblicherweise in Furnierstärken von 0,6 mm bis 0,8 mm hergestellt. Die Herstellung ist vergleichbar mit dem Vorgang des Hobelns. Mit einem scharfen Messer werden von einem halbierten oder geviertelen Baumstamm hauchdünne Bretter abgeschnitten. Dabei entsteht auf den Furnierbrettern, je nachdem ob senkrecht oder parallel zu den Jahresringen geschnitten wird, eine unterschiedliche Maserung oder Fladerung. Das Schälfurnier ist die dritte gebräuchliche Art der Furnierherstellung. Ähnlich einer Drehbank wird ein Baumstamm in eine Drehachse eingespannt. Mit einem scharfen Messer wird eine Art Endlosfurnier durch die Drehbewegung des Holzes abgeschnitten. Auch hiervon gibt es einige Varianten, deren Ergebnis im wesentlichen eine unterschiedliche Maserung oder Fladerung des Holzes bedeutet.

Beim Furnierkauf ist also darauf zu achten, in welcher Weise das Furnierholz behandelt wurde und welche Art der Furnierherstellung verwendet worden ist, denn selbst bei gleichem Holz aus gleicher Gegend kann durch eine unterschiedliche Furnierherstellung ein völlig anderes Erscheinungsbild des Furniers auftreten.

Schälfurniere werden mit wenigen Ausnahmen vor allem in der Sperrholzindustrie verarbeitet.

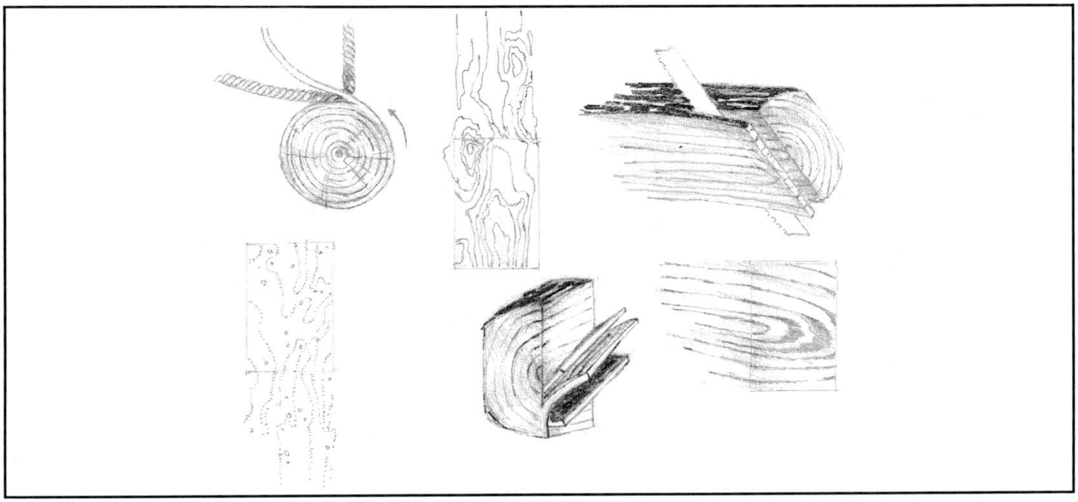

Verschiedene Furnierarten

Flugfähiger Holzwurm

Holzwurmlarve

Holzschädlinge und Holzschutz

Auf dem Gebiet der Möbelrestaurierung ist kein Bereich unter den Fachleuten selbst so umstritten wie die Holzwurmbekämpfung. Das liegt daran, daß die Meinungen über Wirksamkeit, bzw. Giftigkeit, weit auseinandergehen. Deshalb kann auch an dieser Stelle nicht mit letzter Sicherheit über Wirkung und Giftigkeit entschieden werden. Besonders bei chemischer Schädlingsbekämpfung finden die technischen Merkblätter der einzelnen Produkte Anwendung.

Die Präparate sind so gewählt, daß nach dem heutigen Kenntnisstand und dem Ermessen von Fachleuten bei sachgemäßer Anwendung eine Gesundheitsschädigung ausgeschlossen ist. Grundsätzlich ist jedoch eine physikalische Schädlingsbekämpfung einer chemischen vorzuziehen, da hierbei eine Umweltbelastung und eine Gesundheitsschädigung in jedem Fall ausgeschlossen werden kann. Bei Rückfragen wenden Sie sich bitte an entsprechende Schädlingsbekämpfungsfirmen, die auch noch weitere, für den Heimwerker nicht geeignete Methoden und Chemikalien zur Verfügung haben.

Chemische Produkte zur Schädlingsbekämpfung

Für den Heimwerker gibt es heute eine Reihe verschiedener chemischer Produkte zur Schädlingsbekämpfung auf dem Markt.

Ihre Wirkstoffe gehören zur Familie der künstlichen Pyrethrine. Der verbreitetste Wirkstoff ist dabei Permethrin. Die verschiedenen Produkte enthalten davon unterschiedliche Konzentrationen. Ein anderer, zur Zeit in Erprobung befindlicher Wirkstoff ist Deltamethrin. Er ist weniger toxisch, d. h. weniger giftig als Permethrin. Permethrin wird entweder in lösungsmittel- oder ölhaltigen Produkten angeboten.

Unter den tierischen Holzschädlingen findet sich in Möbeln fast ausschließlich nur der gewöhnliche Nagekäfer (Anobium punctatum), bei uns besser bekannt als Holzwurm. Jedoch können durch importierte Hölzer oder Holzgegenstände, wie etwa Kunstwerke, andere tierische Holzschädlinge eingeschleppt werden.

Der Nagekäfer (Holzwurm) legt seine Eier in Holzritzen, -spalten und -löcher. Er bevorzugt dabei weiches Holz. Man findet ihn jedoch auch in Harthölzern. Das Weibchen legt zwischen 20 und 50 Eier. Nach dem Ablegen der Eier stirbt es.

Die Entwicklung der Larve dauert je nach Holzalter, Feuchtigkeit und Temperatur 2–6 Jahre. Die Larven verpuppen sich im Frühjahr. Die Hauptausflugszeit der geschlüpften Käfer ist Mai–Juli. Oft leben mehrere Generationen davon im selben Holz. Die Größe des Nagekäfers beträgt 3–5 mm. Er ist dunkelbraun bis schwarz und hat Punktstreifen auf den Flügeln.

Erkennen können Sie den Befall an den für den Holzwurm typischen Fluglöchern. Sie sind kreisrund und haben einen Durchmesser von 1–2 mm.

Neben den Fluglöchern gibt es als zweites Befallsmerkmal den sogenannten Mehlauswurf. Der gefürchtete Mehlauswurf, also die kleinen Holzmehlhäufchen, entstehen entweder durch Larven, die zur Verpuppung an die Oberfläche wandern, oder direkt durch schlüpfende Käfer. Bei Möbelstücken, die wieder holzwurmfrei sind, können durch Rütteln und Schütteln nachträglich noch Holzmehlhäufchen herausfallen. Der Befall tritt verstärkt im Sockelbereich von Möbeln auf und dort, wo das Möbelstück an der Wand stand. Das liegt daran, daß die Lebensbedingungen von Holzwürmern entscheidend durch feuchtes und junges Holz verbessert werden; dieses Holz ist in der Regel nährstoffreicher und beschleunigt dadurch das Wachstum der Larven erheblich. Also dort, wo Sie mit einem feuchten Lappen Möbelfüße reinigen, oder Möbel durch Kondensfeuchtigkeit der Wand feucht werden, schaffen Sie ideale Lebensbedingungen für den Holzwurm. Den gemeinen Nagekäfer werden Sie dabei selbst praktisch nie zu Gesicht bekommen.

Fluglöcher

Mehlauswurf

Abbeizen und Laugen

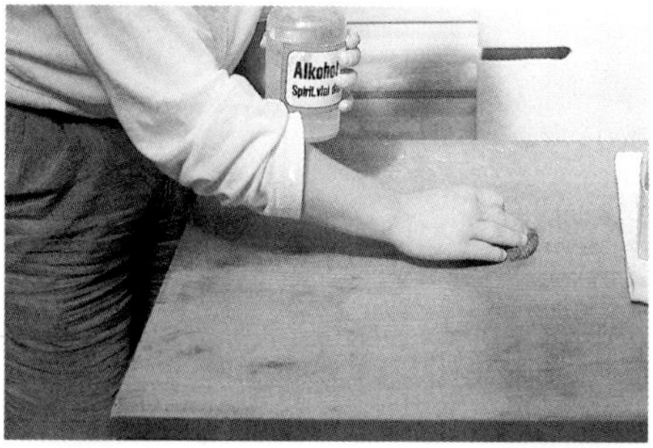

Abbeizen mit Alkohol

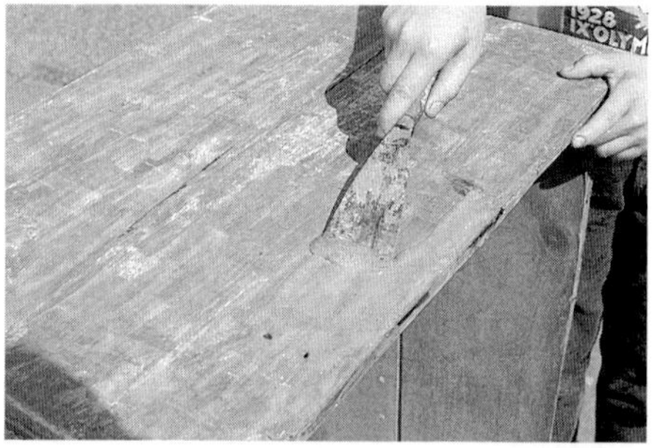

Abbeizen mit Lösungsmittelabbeizer

Auftrag der Lauge

Abbürsten mit Wasser der gelaugten Oberfläche

Abbeizmittel

Von Abbeizen spricht man, wenn alte Lacke, wie Nitrolacke, Schellacke, Ölfarbanstricke etc. durch einen Lösungsmittelabbeizer gelöst und dann manuell abgenommen werden. Lösungsmittelabbeizer enthalten außer Lösungsmitteln, wie Chlorkohlenwasserstoffe Toluol, Aceton etc., als Verdickungsmittel Celluloseäther, die das Verdunsten der Lösungsmittel verzögern, um ihnen genügend Quellzeit zu geben. Lösungsmittelabbeizer vermögen alte Anstriche nicht wirklich zu lösen; sie quellen und erweichen diese jedoch so stark, daß man sie mehr oder weniger leicht entfernen kann. Schellackoberflächen lassen sich aber auch mit Alkohol (96%) »abbeizen«, dieser Vorgang ist wesentlich milder, greift auch die Patina nicht so stark an. Nicht abbeizen lassen sich Polyester- und Epoxidharzlacke, da diese durch chemische Reaktion aushärten. Diese Lacke finden aber bei alten Möbeln und Holzobjekten keine Anwendung. Eine Reaktion findet nicht statt.

Ablaugen

Von Ablaugen spricht man, wenn man mit einem Laugenabbeizer, der meist Ätznatron enthält, oder mit Ätznatron selbst die Oberfläche abnimmt. Es wird dabei das Bindemittel getrockneter Ölfarben oder anders aufgebauter Farben, wie sie früher gerne bei Weichholzmöbeln verwendet wurden, in niedrigmolekulare wasserlösliche Verbindungen gespalten. Diese wirken dann in erster Linie chemisch (verseifend).

Waschlöser

Waschlöser ist ein Nitrocelluloseverdünner, der zum Nachwaschen von Abbeizern verwendet wird. Ebenfalls dient er zum Auswaschen von Lackpinseln und weiteren Utensilien.

Die wichtigsten Holzverbinder

Nägel: Man unterscheidet Holznägel, Schmiedenägel und Drahtnägel.

Holznägel dienten früher zum Verbinden von Holzteilen. Als Werkstoff für Nägel verwendete man schlichtes Holz, das gespalten und dann gehobelt wurde. Holznägel werden heute noch vom Handwerker hergestellt.

Schmiedenägel aus weichem Stahl sind entweder von Hand geschmiedet (rauhe Form) oder maschinell hergestellt. Ihr Schaft ist quadratisch oder rechteckig. Man verwendet sie meist als Ziernägel zum Befestigen von geschmiedeten Beschlägen. Schmiedenägel kommen in Längen ab 25 mm in den Handel.

Drahtnägel werden meist aus unhärtbarem Kohlenstoffstahl hergestellt. Es gibt sie aber auch vermessingt, verzinnt oder gebläut, bzw. aus Messing oder Leichtmetall. Ihr Schaftquerschnitt ist entweder rund oder quadratisch. Nach Art ihrer Kopfform unterscheidet man Drahtnägel mit glattem Flachkopf, Drahtnägel mit gestifteltem Senkkopf, Drahtnägel mit Stauchkopf, Drahtnägel mit tiefversenktem glattem oder gestifteltem Kopf (Wagnerstifte), Drahtnägel mit Halbrundkopf.

Schrauben: Holzschrauben sind aus Flußstahl, aus Messing oder aus Aluminiumlegierungen. Für besondere Arbeiten verwendet man brünierte vermessingte, verzinkte oder vernickelte Stahlschrauben. Die Schrauben bestehen aus dem Kopf (entweder mit Schlitz oder mit Kreuzschlitz), aus dem Schaft und dem Gewinde. Nach ihrer Kopfform unterscheidet man Flachkopfschrauben (DIN 97), Rundkopfschrauben (DIN 96) und Linsenkopfschrauben (DIN 95).

Holzdübel: Holzdübel sind meist aus Rotbuche, in verschiedenen Längen geriffelt oder glatt erhältlich. Handelsübliche Durchmesser betragen 5–25 mm.

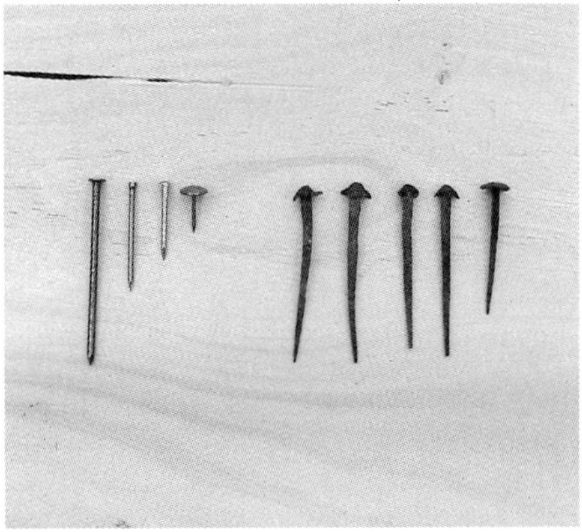
Neue und alte Nägel

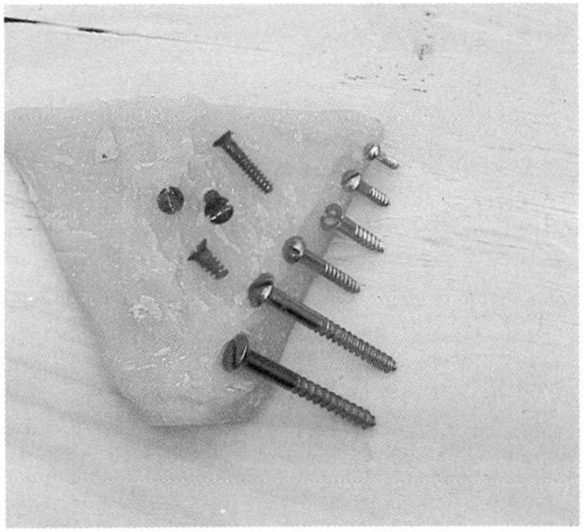
Neue und alte Schrauben

Holzdübel

Auswahl verschiedener handelsüblicher Beizen

Farbpalette von Beiztönen

Beizen ändern oder betonen die Holzfarbe

Dem Anwender stehen mehr als 25 verschiedene Arten von Beizen zur Verfügung, wobei hier nur 5 Arten von Bedeutung sind: Wasserbeizen, Lösungsmittelbeizen, Rustikal-Lack-Beizen, Wachsbeizen und chemische Vor- und Nachbeizen, wobei jede dieser Beizen anders anzuwenden und zu verarbeiten ist.

Mit chemischen Vor- und Nachbeizen sind vor allem auf Weichhölzern, wie Tanne und Fichte, aber auch auf Eiche, Limba, Esche, sehr schöne warme, alte Farben zu erzielen. Dieser Typ von Beizen enthält keinerlei Farbstoffe, der Farbton wird auf chemischem Wege im Zellgewebe des Holzes entwickelt, was den Vorteil hat, daß ein Überzug unterbleiben kann.

Ölbeizen werden vorwiegend bei kleinen Holzstücken verwendet, wobei auch die Möglichkeit besteht, sie zwischen Lackschichten zu legen.

Rustikal-Lack-Beizen finden insbesondere bei Eichenmöbeln oder anderen Hölzern mit lebhafter Struktur und Porenbildung Anwendung. Sie haben den Vorteil der Lichtbeständigkeit, des schnellen Trocknens, der unbegrenzten Haltbarkeit, und die verschiedenen Farben sind untereinander mischbar, sodaß fast jeder Farbton erreicht werden kann.

Wasserbeizen sind Farbstoffbeizen, die es in Pulverform, aber ebenso als Fertigbeizen gibt. Sie sind für alle Hölzer zu verwenden. Sie dringen tief ein und sind dadurch besonders kratzfest und lichtbeständig.

Waschbeizen sind flüssige Holzbeizen, denen Holzoberflächenwachse zugesetzt sind. Die einzelnen Beizen eines Herstellers lassen sich in der Regel untereinander mischen. Man verwendet sie vor allem bei Nadelhölzern (Fichte, Kiefer, Tanne, Zirbel-Kiefer und Oregon-Pinie).

Leinöl und Schellack

Man unterscheidet zwischen kaltgepreßtem Leinöl und gekochtem Leinöl (Leinölfirnis), wobei beide trocknende Öle sind.

Kaltgepreßtes Leinöl ist ein naturbelassenes Öl, welches aus dem Leinsamen gepreßt und als Bindemittel von Ölfarben verwendet wird. Es enthält einen hohen Anteil von Linol- und Linolensäure, wobei vorrangig Linolensäure für das Trocknen verantwortlich ist.

Aufgetragene trocknende Öle erhärten nach einiger Zeit, indem sie Sauerstoff aus der Luft aufnehmen und ihren Zustand verändern (polymerisieren). Aber nicht nur als Bindemittel für Ölfarben, sondern hervorragend zum Einlassen von Weich- und Hartholzmöbeln und Holzobjekten ist es hervorragend geeignet.

Als Leinölfirnis bezeichnet man Leinöl, das aufgrund seiner Behandlung und durch Zusetzen von Trockenstoffen bereits teilweise oxydiert und polymerisiert ist, was für eine rasche Trocknung sorgt. Für die Ausbildung von Trockenstoffen wird das Leinöl auf 150°C erhitzt.

Leinöl wird außerdem als Klebemittel zum Aufkleben von Blattgold (Ölvergoldung) verwendet. Für die Behandlung von Möbeln wird vorrangig kaltgepreßtes Leinöl verwendet, da es Möbel hervorragend schützt und dem Holz dauerhaft einen angenehmen, sehr warmen Farbton verleiht.

Schellack, eine harzige tierische Ausscheidung der indischen Lackschildlaus, wird gereinigt, ungereinigt oder auch eingefärbt in Spiritus gelöst und dann als Politur verwendet.

Das Handpolierverfahren ist für den Heimwerker wegen der äußerst großen Schwierigkeit der Poliertechnik kaum durchführbar.

Leinöl

Ballen und Ledereinsatzbürste zur Leinölverarbeitung

Schellack

Heißleim mit Leimtopf

Weißleimauftrag mit Pinsel

Weißleimauftrag mit Injektionsspritze

Gebräuchliche Leimarten

Leim ist das wichtigste Mittel zum Verbinden von Holz mit Holz, sowie Holz mit anderen Stoffen, z. B. Elfenbein, Messing, Zinn oder Marmor. Durch das Verleimen werden Einzelteile durch eine abbindende Leimschicht fest miteinander verbunden.

Die Festigkeit einer Verleimung beruht einerseits auf der Oberflächenhaftung, die an den Leimflächen der Werkstücke wirksam wird und andererseits der Zusammenhangskraft, die in der abgebundenen Leimschicht auftritt. In der Restaurierung finden in der täglichen Praxis vor allem Knochen-und Hautleim, sowie Disperionsleime Verwendung.

Knochenleim ist ein Umwandlungsprodukt der in der tierischen Haut vorkommenden Kollagene. Er entsteht, wenn solche Bindegewebe längere Zeit mit heißem Wasser behandelt werden, wobei die Leimbildner quellen und sich schließlich zu sogenanntem Glutin auflösen. Knochenleime sind in der Regel als bräunlich-gelbe Tafeln (Kölner Leim) oder als Perlleim im Fachhandel erhältlich.

Dispersionsleime bestehen aus thermoplatischen Kunststoffen. Sie enthalten als Grundstoff hauptsächlich Polyvinylacetat in feinster Form in Wasser zerteilt (Dispersion), weshalb diese Leime nur in flüssiger Form in den Handel kommen und man sie an ihrem milchigen Aussehen erkennt. Deshalb werden sie auch als Weißleime bezeichnet.

Beim Verleimen zweier Hölzer wandert das im Leim enthaltene Wasser (Dispersionsmittel) in das Holz oder es verdunstet aus der Leimfuge. Dadurch legen sich die aufgequollenen Kunststoffteilchen dicht aneinander und bilden einen zähen, meist durchsichtigen Leimfilm. Wärme beschleunigt diesen Prozeß.

Zubehör zum Polstern

Beim Polstern bedient man sich hauptsächlich organischer Materialien, weil diese sehr körperfreund lich, atmungsaktiv und umweltfreundlich sind. Bei antiken Polstermöbeln entsprechen sie außerdem den Originalmaterialien.

Im Polsterkurs werden sich die Anleitungen auf sogenannte Flachpolster und auf die Fassonpolster ohne »geschnürte Federung« konzentrieren. Diese sind auch vom interessierten und handwerklich begabten Laien ohne größere Schwierigkeiten auszuführen.

Das Buch beschreibt ausführlich 3 verschiedene Festpolster:

Der **Einlegesitz:** Er ist aus dem Stuhl herausnehmbar und beim Arbeiten gut zu handhaben. Den fertigen Sitz legen Sie einfach wieder in den Zargenrahmen hinein. Der Hocker mit **Gummikokospolster** – eine einfache Polsterung auch für Ungeübte. Das **Fassonpolster** eines Biedermeierstuhls: Hierbei sollten die eventuell nötigen Holzarbeiten erledigt werden, bevor Sie zu polstern beginnen. Viele Materialien und einiges Geschick sind nötig.

Ein heller, trockener Arbeitsplatz wird Ihnen die Arbeit in jedem Fall wesentlich erleichtern. Höhenverstellbare Arbeitsböcke können, besonders beim einteiligen Stuhl, eine große Hilfe sein.

Diese Materialien finden beim Polstern Verwendung:

Nägel: Die Kammzwecke ist ein 13 – 15 mm langer Nagel mit flachem Kopf. Man braucht ihn, um die Polsterleinen und den Bezugsstoff anzunageln. Der Gurtstift wird genommen, um die Gurte auf dem Rahmen oder der Zarge zu befestigen . Je nach Dicke und Zustand des Holzes, benutzt man ihn 20 oder 25 mm lang. Schnurstifte oder gestauchte Nägel finden dort

Polsternägel

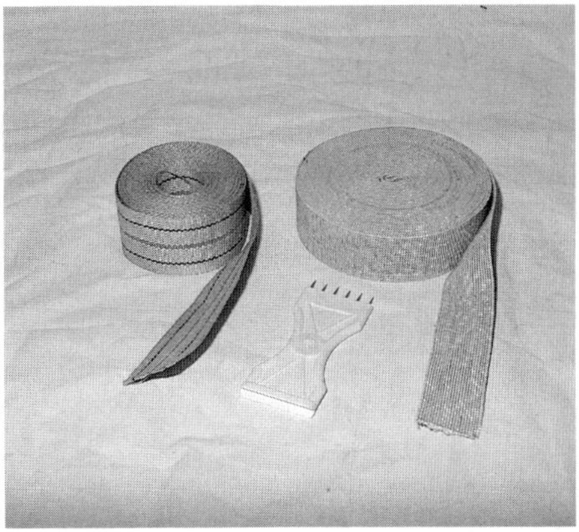

Polstergurte

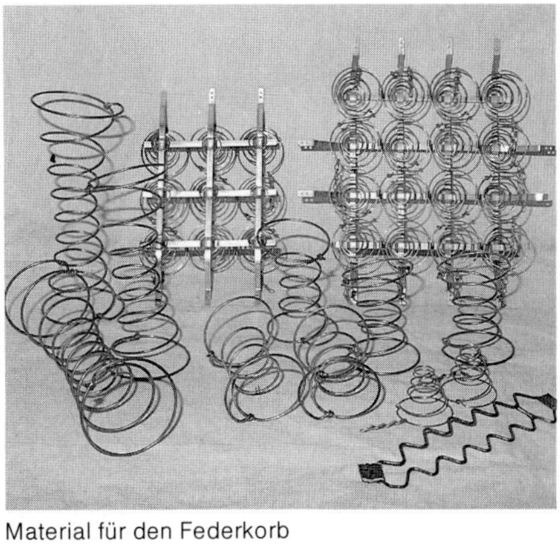

Material für den Federkorb

Jutegewebe

Polsterfüllmaterial

Gepreßte Naturfasern

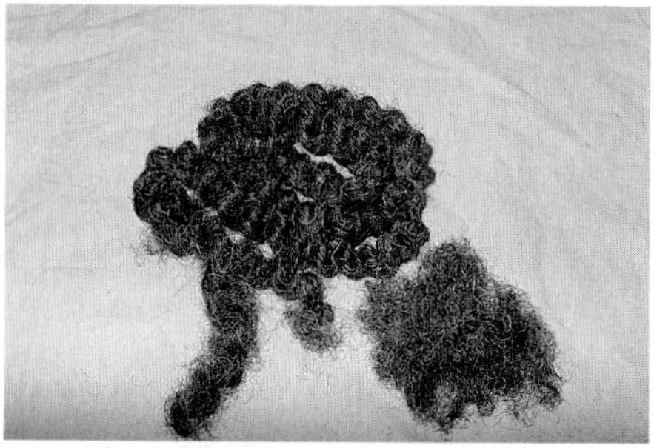

Roßhaare

überall Verwendung, wo der Nagel nicht auffallen oder gar unsichtbar sein soll. Er hat keinen oder nur einen sehr kleinen Kopf und ist daher leicht zu verbergen. Der Ziernagel ist das Prachtstück unter den Nägeln. Sein gewölbter, lackierter, geprägter, polierter oder mattierter Zierkopf verschönt, wenn er sauber und gleichmäßig genagelt ist, so manchen Stoffabschluß an einteiligen Stühlen, Sesseln und Sofas.

Das Material, das die Verbindung zwischen dem Gestell und dem Polsteraufbau herstellt, ist die **Polstergurte.** Diese ist ein 5 – 7 cm breites leinwandbindiges Jutegewebe von hoher Zugfestigkeit.

Eine Gurte für leichte Polsterungen mit nicht so hoher Beanspruchung ist die Gummigurte. Sie wird, je nach Qualität, um 50 – 100 % ausgespannt und bietet durch ihre Flexibilität schon eine Grundweichheit.

Ebenfalls eine Basis für eine Stuhlpolsterung ist der **Federkorb.** 9 – 20 zylindrische Metallfedern sind mit ihrer Spitze nach unten auf Metallstreifen befestigt. Diese werden an ihren Enden auf die Zargen des Stuhls genagelt.

Als **Federleinen** bezeichnet der Polsterer ein festes Jutegewebe in Leinwand- oder Panamabindung. Es wird als Abdeckung über den Federkorb oder die Gurtung benutzt. Das **Fassonleinen** ist aus dem gleichen Material wie das Federleinen, jedoch leichter gewebt und damit flexibler. Man nimmt es, um die Palmfasern der Fasson abzudecken. **Nessel** wird verwendet, um die Haarauflage bei der Polsterung abzudecken. Es ist ein leichtes, billiges Gewebe aus Baumwolle.

Ein wichtiges Polsterfüllmaterial ist das **Afrik** oder die **Palmfaser.** Es gibt sie in Säcken mit 4 – 6 kg im Handel. Diese Fasern aus den Blättern einer Zwergpalme haben eine hohe Füllkraft und eine geringe Federkraft. Deshalb werden sie für die Fasson, also die Basis der Polsterung, benutzt. Ein etwas feineres Füllmaterial ist das **Elancrin.** Es besteht aus veredelten Kokosfasern und wird als Faserauflage benutzt. Die beste und bekannteste Auflage ist jedoch das **Roßhaar.** Diese gekrausten Pferdemähnen oder Schweifhaare haben von den erwähnten organischen Füllstoffen die beste Federkraft, sind aber auch am teuersten. Alle erwähnten Füllstoffe haben außerdem den Vorteil, daß ein Luftaustausch stattfinden kann. Man schwitzt also darauf nicht so leicht.

Die **Polsterwatte** ist in Rollen von 1 kg auf dem Markt. Es dient zum Abdecken der Fasern, verhindert ein Durchpieksen und sorgt für eine glatte Oberfläche.

Der **Garnierfaden** ist ein ca. 1 mm dicker Hanffaden, der bei diversen Polsterarbeiten verwendet wird.

Ein dreifach gezwirnter Perlonfaden wird gebraucht, um Nessel oder Möbelkordel anzunähen.

Um Abschlußkanten zu verdecken, benutzen Sie **Borte** oder **Gimpe.** Dies sind 1 – 3 cm breite Ziergewebebänder, die in vielen Farben und Mustern in Fachgeschäften erhältlich sind.

Erwähnenswert sind nun noch die Bezugsstoffe.

Velours (Samt), einfarbig oder gemustert, gibt es in qualitativ großen Unterschieden aus Synthetik, Baumwolle, Leinen, Wolle und Mohair.

Epingle ist ein Bezugsstoff von meist großer Festigkeit. Viele kleine Schlingen an der Oberfläche sollten Katzenbesitzern jedoch eine Warnung sein.

Der **Rips** ist ein strapazierfähiger Möbelstoff, der durch querlaufende Füllfäden seine rippenartige Charakterisierung erhält.

Der **Moiré** ist ein sehr feiner, jedoch nicht sehr haltbarer Bezugs- oder Wandbespannungsstoff. Er hat ein charakteristisches »Holzmaserungsmuster«.

Beim **Gobelin,** mit seinen figürlichen oder floralen Mustern, ist der mit den Schußfäden das Muster bildende oft haltbarer als der Kettgobelin.

Der **Damast** mit seinen ebenfalls meist floralen Motiven, ist ein Stoff, der oft repräsentativ eingesetzt wird. Die Festigkeit dieses Stoffes ergibt sich aus dem Material. Seinen Namen hat er von seiner frühesten Herkunftsstätte Damaskus.

Chintz, Lesiree, Lampas, Venezianischer Velours und viele andere Stoffe müßten diese Aufzählung ergänzen. Die Fülle der angebotenen Möbelstoffe läßt es in jedem Fall ratsam erscheinen, sich in einem guten Fachgeschäft beraten und bedienen zu lassen.

Polsterwatte

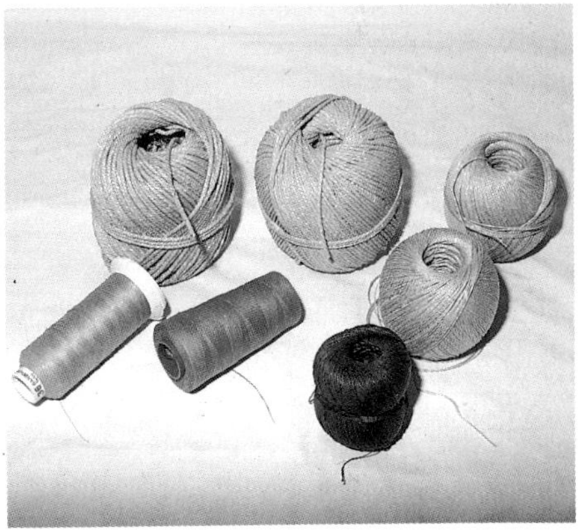
Polsterfäden

Ziergewebebänder

Flechtrohrbündel

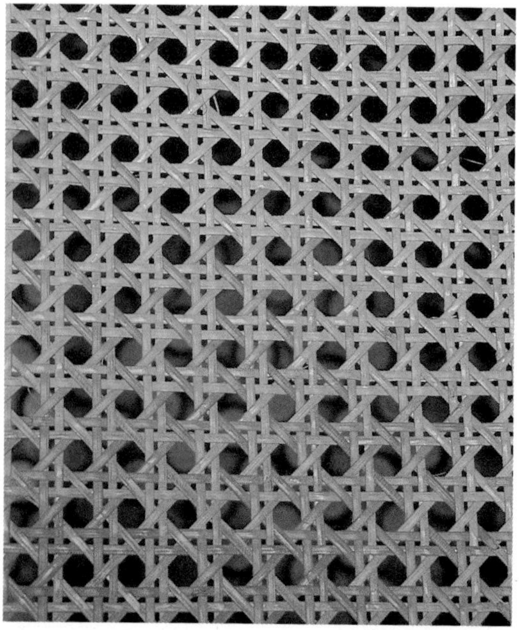

Flechtrohrgeflecht

Stuhlrohrgeflecht

Stuhlrohrflechten hat seinen Ursprung in Asien und wurde in der zweiten Hälfte des 17. Jahrhunderts nach Europa eingeführt.

Das Material wird aus der Rinde der Rotangliane gewonnen, die mehrere Meter lang in den Mangrovensümpfen von Asien wächst. Die Liane wird in etwa drei Meter lange Stücke geschnitten, geschält und die Rinde gewaschen. Dann wird diese durch eine Art Kamm aus Messern gezogen, deren unterschiedlicher Abstand die spätere Breite des Flechtwerks bestimmt. Die einzelnen Fäden werden pfundweise gebündelt und sind flechtfertig.

Um eine bessere Farbaufnahme beim Beizen zu erreichen, wird die Glanzschicht (Kieselsäure) entfernt (sog. Gelbband). Dieses Rohr eignet sich besonders für das Ersetzen einzelner gebrochener Fäden und für Rückengeflechte. Für Sitzgeflechte ist es im allgemeinen durch die Behandlung zu weich. Rohrgeflecht hat eine elfenbeinerne Farbe und die Oberseite ist mit der Glanzschicht gut erkennbar. Die Unterseite ist weißer und leicht geriffelt. Bedingt durch das Wachsen der Liane finden sich auf der Oberseite Reste von knotenartigen Erhebungen, wie etwa beim Schachtelhalm. Diese »Knoten« haben, wenn der Faden gegen die Wachstumsrichtung durch das Geflecht gezogen wird, eine Widerhakenwirkung. Beim Flechten sollten Sie deshalb auf diese Richtung achten.

Altes Geflecht kann man durch Abbürsten mit Wasser reinigen; es erhält dabei etwas von der alten Spannkraft zurück.

Binsengeflecht

Binsengewächse kommen überall auf der Welt dort vor, wo es Feuchtgebiete gibt. Einige Arten eignen sich zum Verflechten. Der Binsen wird im Frühsommer geschnitten und getrocknet und bündelweise versandt.

Im frischen Zustand sollte Binsen nicht verarbeitet werden. Erst einen Tag vor Arbeitsbeginn werden die Halme kurz in kaltem Wasser eingeweicht und dann über Nacht ruhen gelassen. Das ist unbedingt nötig, damit sie geschmeidig genug zum Flechten sind.

Die Flechtart selbst ist uralt. Schon zur Zeit der Pharaonen sind Hocker im Nildelta auf dieselbe Art beflochten worden wie heute ein Worpsweder Stuhl. Entweder bilden die Stuhlzargen auch die Flechtleisten, oder ein Holzrahmen wird beflochten und in den Stuhl eingelegt.

Ein Binsengeflecht verliert nach etwa 30 Jahren seine Spannkraft und die Fäden brechen. Dann muß der ganze Sitz erneuert werden.

Ist der Sitz nur durchgesessen, genügt es, ihn mit Wasser abzuwaschen; durch das Zusammenziehen beim Trocknen bekommt der Sitz wieder etwas Spannkraft. Während Heizungsperioden im Winter empfiehlt sich ein monatliches Besprühen mit Wasser.

Lagern Sie Binsen immer trocken, da sonst die Halme schimmeln können.

Binsenbündel

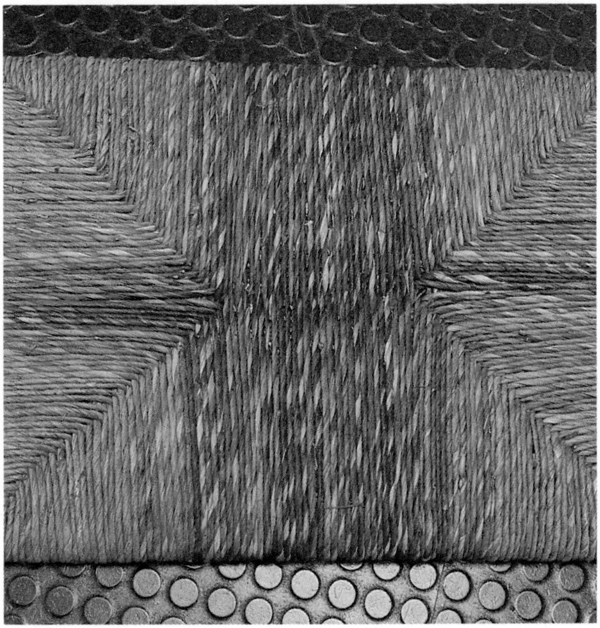

Binsengeflecht

Positives und negatives Stahlprägemodell

Verschiedene gelötete und gefeilte Schlüsselbuchsen

Getriebener und gegossener Empirebeschlag

Gesägtes Jugendstilschließblech

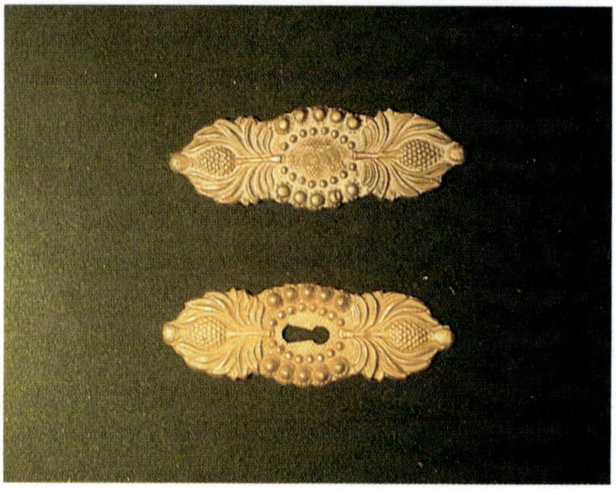
Beschlag vor der Weiterverarbeitung

Getriebenes und gepunztes Schließblech

Möbelbeschläge

Unter Beschläge versteht man außer Schrauben und Nägel alle Metallteile, die fest am Möbelstück angebracht sind. Im besonderen sind damit Scharniere, Schlösser, Schließbleche und Schlüsselbuchsen gemeint. Praktisch seitdem es Möbel gibt, werden auch Beschläge hergestellt und verwendet.
In verschiedenen Stilepochen überschritt der Wert der Beschläge oft den des Möbelstücks. Zwar wurde dafür hauptsächlich Eisen und Messing verwendet, doch gibt es auch Beschläge aus nahezu allen Edelmetallen. Bei der Herstellung von Beschlägen gibt es grundsätzlich zwei Methoden: Die erste und sicherlich einfachste Technik ist das Herausarbeiten der Beschläge aus einer Metallplatte. Die zweite Technik, in der Herstellung aufwendiger, ist das Gußverfahren. Die gegossenen Beschläge oder Beschlägeteile werden nach dem Guß nur noch nachgearbeitet und poliert.
Häufig findet sich bei Beschlägen eine Kombination aus diesen beiden Verfahren. Insbesondere für bäuerliche Möbel wurden auch geschmiedete Beschläge hergestellt. Eine weitere Nebenform der Herstellung von Beschlägen ist das sogenannte Prägeverfahren. Dabei wird ein weicheres Metall, z. B. Messing, in eine härtere Form, z. B. Stahl, gedrückt.
Bei den hier gezeigten Beschlägen handelt es sich um aus Metallblechen gefertigte Stücke. Nur die Abbildungen ganz links Mitte und unten zeigen Motive, die einmal gegossen und einmal getrieben wurden.
Gegossene Schlüsselbuchsen können vor allem für Einzelanfertigungen bei Restaurierungen auch aus Vollmaterial gesägt, gefeilt und gebohrt werden. Die anderen Beschläge wurden von Hand aus einer Metallplatte, meist Messing, gearbeitet.

Gesägtes, getriebenes und gepunztes Schließblech

Verzinntes Schließblech

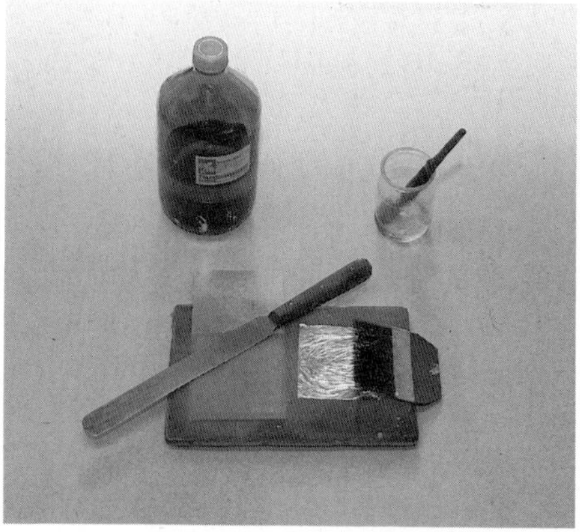
Vergolderwerkzeuge

Trennen des Blattgoldes

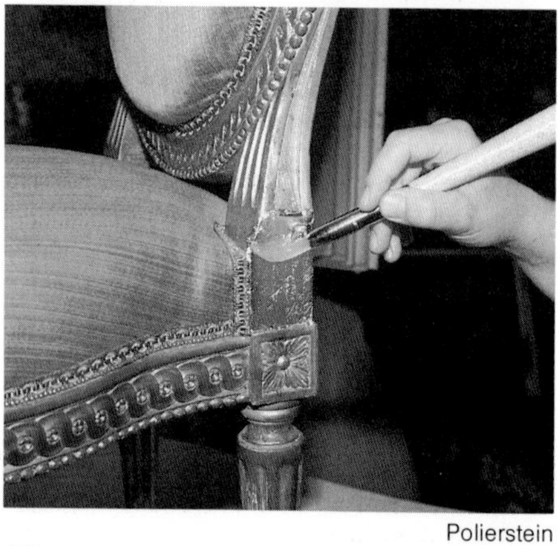
Polierstein

Hilfsmittel zum Vergolden

Vergolderkissen
Auf dem Vergolderkissen wird das Blattgoldheftchen befestigt und das Gold geschnitten. Das Vergolderkissen ist ein Holzbrett mit einem weichen Wildlederüberzug. Das Kissen muß immer sauber gehalten werden; es wird mit einem Bimsstein und Talaun abgerieben, damit es durch die Abnutzung nicht glatt wird und man das Gold besser darauf schneiden kann.

Vergoldermesser
Das Vergoldermesser ist ein vorne abgerundetes, beiderseits geschärftes flaches Messer mit Holzgriff. Mit ihm schneidet man das Blattgold. Das Messer muß immer geschärft und von Schmutz und Fett freigehalten werden. Zum Schärfen geben Sie etwas Bimsmehl auf das Vergolderkissen und streichen vor dem Schneiden einmal links und einmal rechts mit dem Messer darüber. Dadurch wird der hauchfeine Grat an der Schneide gebrochen und das Blattgold kann nicht zerreißen.

Anschießer
Anschießer, so heißt der Vergolderpinsel. Er besteht aus Dachshaaren, die in Pappe gefaßt sind. Die Harre sind etwa 4–5 cm lang; das Gold wird mit den Spitzen aufgenommen. Der Anschießer muß oft gereinigt werden. Dazu benutzt man eine weiche Nagelbürste, die vorher mit etwas Staub vom Boden oder mit Kreide eingerieben wird. Durch den Staub wird der Anschießer vom Fett befreit, die Staubkörnchen werden zum Schluß durch Pusten vom Anschießer entfernt.

Poliersteine
Poliersteine bestehen aus Achatstein, den es in verschiedenen Größen und Arten gibt. Er ist meist in rundlich gebogener oder stumpf abgerundeter Form geschliffen und matt gefärbt.

Das Blattgold

Schon seit Jahrtausenden ist Gold das beliebteste und kostbarste Metall zur Herstellung von Schmuck, Verzierungen von Waffen und anderen Gegenständen gewesen, und aufgrund seiner Schönheit und Unveränderlichkeit wird es auch heute in vielen Bereichen noch vielseitig verwendet.

Um Gold zu »sparen«, wurden im Laufe der Zeit immer wieder neue, feinere Techniken erfunden, um das Gold nicht immer massiv, sondern auch als Überzug geringwertiger Materialien zu verwenden. Als Ergebnis haben wir unser heutiges, den Malern und Vergoldern, die es häufig verwenden, vom Goldschläger geliefertes Blattgold zu betrachten.

Das Blattgold bildet die Voraussetzung und Grundlage aller durch die Vergolder und Maler herstellbaren Vergoldungen; deshalb sollte jeder Handwerker und jede Heimwerkerin wissen, welche Vorgänge nötig sind, bis das Blattgold gebrauchsfertig in seine/ihre Hände kommt.

Schon die Ägypter benutzten das Blattgold für Vergoldungen in ihren Tempeln. Mit dem Vordringen der Römer kam dann das Blattgold nach Frankreich und Deutschland, wo es meistens für Verzierungen und Verfeinerungen der Arbeiten in Kirchen, für Schmuck von Statuen, Heiligenbildern und später Bilderrahmen und kostbaren Möbeln benutzt wurde.

Rein technisch gesehen erreichte die Goldschlägerkunst ihren Höhepunkt erst im 19. Jahrhundert, denn das frühere Gold war noch erheblich dicker als unser heutiges.

Die im Altertum angewendete recht primitive Technik des Goldschlagens ist zwar verfeinert, aber bis heute im Prinzip die gleiche geblieben.

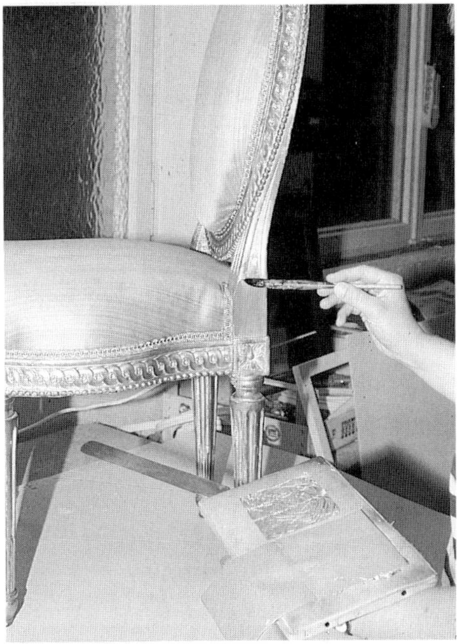

Vergolderarbeit

Vergoldete Rahmen

Stuhl aus der Zeit Louis XVI.

Das Gold wird auch heute noch mit der Hand geschlagen, selbst nachdem bereits Maschinen zum Auswalzen und Zerschneiden des Golds Eingang in die Goldschlägerei gefunden haben. Es gibt eben noch keine Maschinen, die das Dünnschlagen des Goldes auf 1/1000 bis 1/10 000 mm vornehmen können.

Dieses Buch befaßt sich mit der am häufigsten verwendeten, ältesten und schönsten Vergoldungstechnik: dem in der Fachsprache »Polimentvergolden«, allgemein im täglichen Sprachgebrauch auch Glanzvergoldung genannt.
Die Abbildung zeigt einen Stuhl aus der Zeit Ludwig XVI. mit einer Polimentvergoldung.

Glas und seine Bearbeitungsmittel

Butzenscheiben und Antikgläser

Bleiverglaste Butzenscheiben

Verschiedene Spiegel

Alte Gläser

Glas ist seit etwa 3000 Jahren vor Christus aus Ägypten bekannt. Erste Fensterscheiben entstanden im 1. Jahrhundert nach Christus in Rom. Diese Gläser wurden gegossen. 1000 nach Christus wurde das Walzenverfahren entwickelt. Im Mittelalter, ab etwa 1330 wurden die sogenannten »Butzenscheiben« hergestellt. Die hierfür verwendete Technik nennt man Schleuder- oder Mondglasverfahren. Mit einer Glasmacherpfeife wurde eine Kugel geblasen, von der Glasmacherpfeife abgesprengt und die entstandene Öffnung geweitet. Der geöffnete Glaskörper wurde dann geschleudert, bis die tellerförmige Scheibe entstand.

Diese Butzenscheiben kommen häufig bei bäuerlichen oder bürgerlichen Möbeln vor. Neben der sehr teuren, traditionellen Herstellung, die von Spezialfirmen immer noch durchgeführt wird, gibt es heute industrielle Verfahren, mit denen ganze Glasflächen mit dem Butzenscheibenmotiv gepreßt werden. Sie sind wesentlich billiger als die handgearbeiteten Scheiben, die außerdem noch mit Blei gefaßt werden müssen.

Das sogenannte Antikglas ist ein weiteres Flachglas, das oft in alten Möbeln vorkommt. Durch die technisch noch nicht ausgereifte Herstellung in den letzten Jahrhunderten enthält es oft kleine Luftblasen oder Einschlüsse und hat außerdem keine ganz ebene Oberfläche. Heute können auch diese »Fehler« industriell hergestellt werden, jedoch ist auch dieses Verfahren aufwendig und die Scheiben daher teuer.

Spiegel

Spiegel ist nicht gleich Spiegel. Es gibt Spiegel in verschiedenen Stärken und Farben. Am häufigsten verwendet man Spiegel mit einer Stärke von 3 mm. Die

Tiffany-Gläser

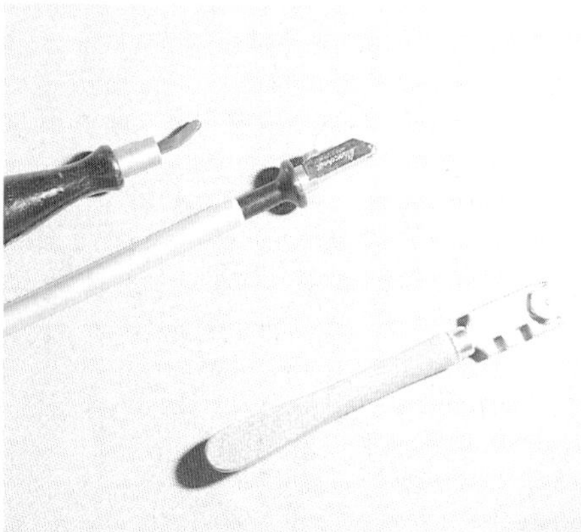

Glasschneider

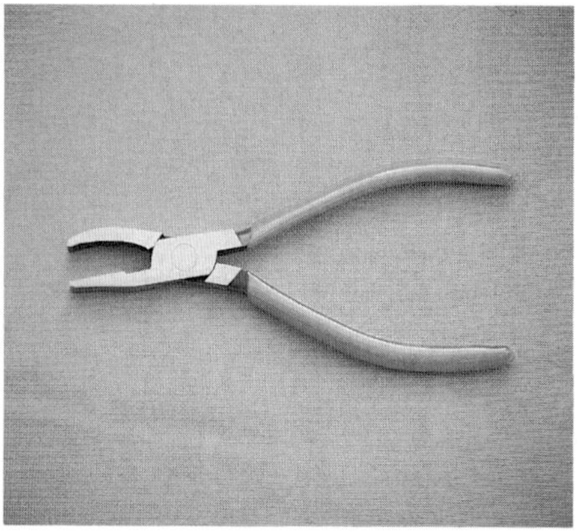

Kröselzange

Farbpalette reicht vom einfachen Silber über Kupfer und Bronze bis zu den verschiedenen Arten von Antikspiegeln. Diese wirken wie alte angelaufene Spiegel und sind in unterschiedlichen Abstufungen und Farbnuancen gefleckt.

Farbige Gläser

Neben schwarzem Glas und weißem Milchglas (Überfangglas) wurde im Jugendstil Opalescentglas in den verschiedenen Färbungen verwendet. Opalescentglas ist eine weiß marmorierte Glasart, der 1–3 Farbtöne beigemischt sind. Dieses Glas gibt es in unterschiedlichen Stufen der Lichtdurchlässigkeit. Eine Variante des Opalescentglases ist irisierendes Glas. Es schillert metallisch in allen Regenbogenfarben, wenn das Licht von vorne schräg auf die Glasoberfläche fällt. Alle Opalescentgläser haben eine strukturierte Oberfläche und sind daher schwerer zu schneiden und zu brechen.

Für den Heimwerker reichen meist schon zwei Werkzeuge, um Scheiben zu ergänzen und neu einzusetzen.

Glasschneider

Für den Heimwerker genügt ein einfacher Glasschneider mit 6 Metallrädchen, wie er in Werkzeug- oder Bastelläden erhältlich ist. Die 6 Rädchen sind durchnumeriert. Lösen Sie die Schrauben und stellen Sie den Schneider auf das nächste Rädchen ein, wenn das alte stumpf geworden ist. Professionelle Glasschneider besitzen nur ein Schneiderädchen aus gehärtetem Stahl. Der Vorteil dieser Schneider ist neben der längeren Lebensdauer des Rädchens, daß die Schnittlinie beim freien Schnitt ohne Lineal besser verfolgt werden kann. Für gerade Schnitte mit einem Lineal sind sie nur dann geeignet, wenn sie einen Schneidekopf mit flacher Seite besitzen. Zur Aufbewahrung dient ein Glas (z. B. Marmeladenglas), dessen Boden von Watte, die mit Schneideöl getränkt wurde, bedeckt wird.

Kröselzange

Eine sogenannte Kröselzange, gekennzeichnet durch einen gekrümmten Backen, dient dem Ausbrechen konkaver und konvexer (nach innen oder außen gekrümmter) Formen. Auch lassen sich unsaubere Bruchlinien mit ihr begradigen und kleine Spitzen abbröseln.

Die wichtigsten Werkzeuge

Auf diesen beiden Seiten finden Sie Kurzbeschreibungen der wichtigsten Werkzeuge, die Sie zum Restaurieren und Reparieren von alten Möbeln und deren Zubehör benötigen. Welche Werkzeuge Sie für einzelne Arbeitsgänge und -anleitungen brauchen, ersehen Sie aus den Abbildungen unter der Rubrik »Werkzeuge«, die Sie bei allen Arbeitsanleitungen finden.

Grundausstattung:
Werkzeuge für alle Restaurierarbeiten

1
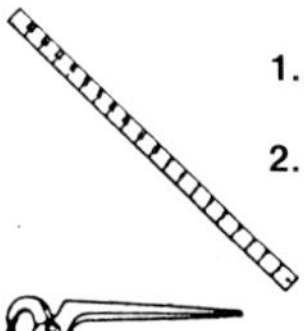
2

3
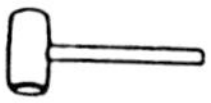
4
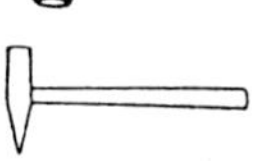
5.

1. **Bandmaß:** Besonders der Polsterer benutzt es zum Ausmessen von Stoffen.
2. **Beißzange:** Die Beißzange wird vor allem zum Lösen von genagelten Holzverbindungen, zum Herausziehen von Polsternägeln und zum Entfernen von alten Polsterbezügen verwendet.
3. **Gummihammer:** Bei allen empfindlichen Teilen, die festgeklopft oder losgeschlagen werden müssen, wird der Gummihammer verwendet.
4. **Hammer:** Nicht nur zum Einschlagen von Nägeln wird der Hammer verwendet, sondern auch als Ersatz für den Gummihammer.
5. **Bohrmaschine:** Der Schreiner verwendet die Bohrmschine vor allem zum Bohren und Fräsen von Dübellöchern für Holzdübel.

Werkzeuge zur Holzverarbeitung – allgemein

6
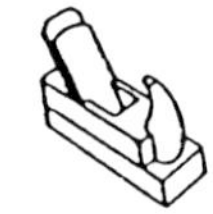
7

8
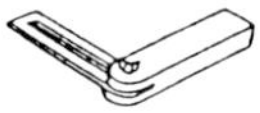
9

10

11
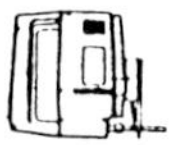
12

13

6. **Hobel:** Es gibt Hobel für die verschiedensten Verwendungsmöglichkeiten zum Hobeln von Falzen, zum Hobeln von Profilen usw.
7. **Leimklemmen:** Wie der Name schon sagt, dienen Leimklemmen zum Zusammenhalten von frisch verleimten Leimverbindungen.
8. **Schmiege:** Die Schmiege dient dem Schreiner zum genauen Abmessen und Einstellen beliebiger Winkel.
9. **Spitzbohrer:** Der Spitzbohrer ist ein Handbohrer, der zum Vorbohren für Schrauben- oder Nägellöcher verwendet wird.
10. **Stechbeitel, Stemmeisen:** Beide Werkzeuge unterscheiden sich lediglich durch die Klingenform voneinander. Der Schreiner oder Restaurator benutzt sie zum Ausstemmen z. B. von Gratverbindungen.
11. **Stichsäge:** Heute wird fast nur noch die elektrische Stichsäge verwendet. Man kann mit ihr vor allem Rundungen bis zu einer Holzdicke von 60 mm schneiden.
12. **Streichmaß:** Das Streichmaß dient zum genauen Ausmessen von Holzstärken und zum präzisen Übertragen verschiedener Maße.
13. **Zwingen:** Zwingen eignen sich besonders, um punktuell sehr hohen Druck z. B. zum Verleimen zu erzeugen.

Furnierarbeiten

14

15
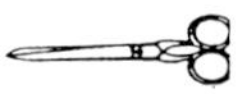

14. **Furniersäge:** Die Furniersäge ist eine Handsäge mit gekröpftem Griff und einer sehr feinen Zahnung, mit der auch stärkeres Furnier, wie es von Restauratoren für alte Möbel verwendet wird, präzise geschnitten werden kann.
15. **Schere:** Dünnes, feinfaseriges Furnier bis etwa 1 mm Stärke können Sie mit einer scharfen Schere schneiden.

Oberflächenbehandlung

16

16. **Heißluftgebläse:** Das Heißluftgebläse dient zum Entfernen alter Lackschichten auf Holzoberflächen. Durch die

heiße Luft schmilzt der Lack kurz an, so daß er mit der Spachtel abgenommen werden kann.

17 

17. Ledereinsatzbürste: Die Ledereinsatzbürste ist eine ganz feine Messingdrahtbürste, in die zusätzlich Ledernoppen eingearbeitet sind.

18 

18. Pinsel: Der Pinsel ist das universellste Werkzeug zur Oberflächenbehandlung. Er dient zum Auftrag von Abbeizmitteln, von Leim und von Beizen.

19 

19. Schleifklotz: Er ist meistens aus Kork oder einem ähnlich elastischen Material. Durch diese Nachgiebigkeit schmiegt er sich auch in rundere Holzformen.

20 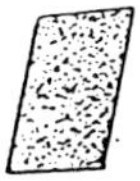

20. Schleifpapier: Es dient zum Schleifen von unbehandeltem Holz und zum Zwischenschliff von lackierten Flächen. Es wird üblicherweise in Körnungen zwischen 40 und 500 Körnern/cm^2 angeboten.

21 

21. Schwamm: Um beim Auftrag von Beizen den sichtbaren Pinselstrich zu vermeiden, wird oft der Schwamm hierfür verwendet.

22 

22. Spachtel: Mit der Spachtel entfernt man durch Abbeizmittel oder Heißluftgebläse gelöste Beschichtungen.

23 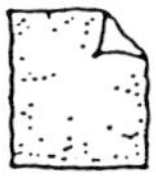

23. Tuch: Besonders zum Auftrag von Polituren mit Baumwollballen und auch zum Nachpolieren eignen sich weiche Baumwolltücher hervorragend.

Werkzeug für Polsterarbeiten

24 

24. Doppelspitze: Die Doppelspitze ist eine Spezialnadel mit Spitzen an beiden Enden. Sie dient dem Polsterer dafür, um vorwärts und rückwärts senkrecht durch eine Polsterung zu stechen.

25 

25. Garniernadel: Spezialnadel zum Vernähen von Möbelbezugsstoffen.

26 

26. Gurtspanner: Mit dem Gurtspanner werden die Gurte der Gurtung straff über den Polsterrahmen gespannt.

27 

27. Handtacker: Der Handtacker hat die klassischen Kammzwecken des Polsterers stark verdrängt. Er verwendet ihn vor allem zum Antackern von Bezugsstoffen.

28 

28. Heißklebepistole: Die Heißklebepistole ist ein Klebegerät, das dem Polsterer besonders zum Ankleben von Ziergewebebändern dient.

29

29. Polsternadel: Neben Garniernadel und Doppelspitze ist sie die wichtigste Nähnadel des Polsterers zum Vernähen von Bezugsstoffen mit der Hand.

30 

30. Polsterhammer: Spezialhammer des Polsterers zum Einschlagen der verschiedenen Polsternägel.

31 

31. Seitenschneider: Er dient dem Polsterer zum Entfernen von Heftnägeln.

Werkzeuge für Beschlägearbeiten

32 

32. Feile: Die Feile dient zum Entgraten, zum Kantenbrechen und Anfasen von ausgesägten Beschlägen.

33 

33. Laubsäge: Dieses klassische Heimwerkerwerkzeug eignet sich zum Aussägen von Beschlägen.

34 

34. Polierstab: An einem Holzgriff ist eine geschwungene, stumpfe Stahlklinge befestigt. Durch heftiges Reiben auf herstellungsrauhen Metallen wie Messing können Beschläge hochglanzpoliert werden.

Werkzeuge zum Vergolden

35 

35. Anschießer: Der Anschießer ist ein spezieller Pinsel mit Naturhaaren, mit dem das Blattgold auf den Untergrund aufgetragen wird.

36 

36. Polierstab: Mit dem Polierstab, dessen Spitze beim Vergolder mit einem Achatstein besetzt ist, wird nach dem Auftrag des Goldes das Gold auf Hochglanz poliert.

37 

37. Vergolderkissen: Auf dem Vergolderkissen wird das Blattgoldheftchen befestigt und das Blattgold geschnitten.

38 

38. Vergoldermesser: Mit dem Vergoldermesser trennt der Vergolder das Blattgold auf dem Vergolderkissen.

Werkzeuge zum Glasschneiden

39 

39. Glasbrechzange: Mit der Glasbrechzange können Sie sehr schmale, lange Glasstreifen, nachdem sie mit dem Glasschneider angeritzt sind, sicher brechen.

40 

40. Glasschneider: Der Glasschneider ist das klassische Werkzeug zum Glasschneiden.

41 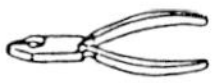

41. Kröselzange: Mit der Kröselzange bricht der Glaser kleine Ecken präzise vom Glas ab.

1

2

3

4

Breiten-, Längs- und Eckverbindungen

Die meisten Holzverbindungen werden geleimt. Grundsätzlich haben Sie die Wahl zwischen einem Dispersionsweißleim, der kalt verarbeitet wird und dem seit 300 Jahren bewährten Knochen- oder Heißleim. Eine fachmännische Reparatur oder Restaurierung alter Möbel wird normalerweise mit Heißleim durchgeführt. Das Ansetzen des Heißleims erfordert jedoch einige Vorarbeiten. Lassen Sie die Körner des Heißleims, im Handel auch unter dem Begriff Perlleim erhältlich, einige Stunden im kalten Wasser quellen. Je nachdem aus welchem tierischen Material dieser hergestellt ist und welches Produkt Sie verwenden, ändert sich sowohl das Ansetzverhältnis, als auch die Dauer des Quellens. Beachten Sie hierzu die Herstellerangaben. Stehen Ihnen diese nicht zur Verfügung, sind Sie auf eigene Versuche angewiesen.

Nach dem Quellen wird der Leim in einem Gefäß im Wasserbad erhitzt. Achten Sie darauf, daß die Temperatur des Leims im Wasserbad 60°C nicht übersteigt. Wenn sich der Leim vollständig gelöst hat und zu einer geschmeidigen Masse geworden ist, ist er verarbeitungsfähig. Nach dem Auftrag des Leims zeigt er ganz deutlich den Vorteil gegenüber dem Weißleim der üblicherweise bis zu 24 Stunden verspannt oder verschraubt werden muß, bis er eine endgültige Haltbarkeit erreicht hat. Heißleim hingegen erreicht bereits nach dem Erkalten seine vollständige Festigkeit.

Breitenverbindungen

1. Stumpfe Leimfuge: Durch stumpfe Leimfugen werden Bretter nach der Beize fest zu einer Fläche verleimt. Sie werden angewendet beim Verleimen von Tischplatten, Schrankseiten, Böden, Füllungen sowie Rückwänden.

2.–3. Zum Verspannen haben Sie neben der bekannten Schraubzwinge besonders für sperrige und unzugängliche Stellen unbegrenzte Möglichkeiten zum Improvisieren. Als Grundregel beim Verleimen gilt immer: Kern an Kern, Splint an Splint.

4. Bei Tischplatten und stark beanspruchten Teilen aus Hartholz dübelt man die Fugen. Dadurch wird die Haltbarkeit wesentlich erhöht und ein Abschwimmen (Verschieben der Bretter) auf dem Leim wird unterbunden. Die Dübelverbindung wird auch bei zerlegbaren Möbeln angewandt. Die Dübel werden aus Hartholz, meist aus Rotbuche gefertigt. Wenn Sie Dübel selbst anfertigen, werden Leisten mit quadratischem Querschnitt erst acht- und dann sechzehneckig gehobelt. Damit Dübel vollends rund werden, kann man, falls vorhanden, diese durch ein gezahntes Dübeleisen treiben. Durch die Zahnung erhält der Dübel in Längsrichtung Rillen. Durch die Riffelung der Fertigdübel schmiegt sich der Dübel enger an die Lochwandung, hält also besser. In der Regel wählt man die Dübelstärke etwa 1/2 bis 2/3 der Brettstärke. Im Handel sind Dübel in Stärken von 5–25 mm und in Längen bis zu einem Meter erhältlich, glatt oder geriffelt. Ebenfalls sind Fertigdübel geriffelt in 40 und 50 mm angespitzt erhältlich. Bei geriffelten Dübeln steigt der Leim entlang der Riffelung nach oben, so daß eine bessere Verleimung erreicht wird. Beim Herstellen einer gedübelten Brettverbindung legt man die einzelnen zusammengezeichneten Teile aneinander und teilt Anzahl und Entfernung der Dübel ein. Zum Anzeichnen der einzelnen Dübellöcher hilft man sich mit einem Winkel und Streichmaß, man markiert mit dem Spitzbohrer durch Anstechen das Zentrum des Bohrlochs, das auch der Bohrerspitze als Führung dient.

Beim Herstellen von mehreren gleichen Werkstücken benützt man zum Anreißen der Dübellöcher eine Anreiß- oder Bohrschablone. Zum Bohren verwenden Sie Spiralbohrer oder Dübelbohrer mit Zentrierspitze und zwei Vorschneidern. Um ein leichtes Gleiten in den Dübellöchern zu gewährleisten, reiben Sie die Bohrlöcher mit einem Handausreiber aus. Die Dübel schneiden Sie ca. 2 mm kürzer als die Bohrlöcher tief sind, um dem

5

6

7

8

9

10

überschüssigen Leim Platz zu bieten. Füllen Sie den Leim für die Holzdübel immer zuerst in die Dübellöcher und verteilen Sie dann auf einem kleineren Rundstab den Leim gleichmäßig an der Lochwandung. Erst dann schlagen Sie den Dübel in das Loch, wodurch der Leim entlang der Dübelriffelung nach oben steigt.

5.–7. Mit der gefederten Leimfuge erreichen Sie eine Leimflächenvergrößerung sowie ein Bündigbleiben der Oberfläche. Sie ist auch ohne Leim anzuwenden, wobei nach dem Schwinden des Holzes keine durchsichtige Fuge entsteht. Man stellt sie mit der Tischkreissäge, einer Tischfräse oder einer Schattenfugensäge her, als Federn verwendet man am besten Streifen von Furnierplatten in den Stärken von 3–5 mm. Diese Verbindung findet bei Tischplatten, Bänken, Rückwänden aus Vollholz sowie auch bei Schrankseiten und Türfüllungen Anwendung.

8. Eckverbindungen dienen zum Verbinden von Schrank- und Kommodenseiten mit Böden und Platten, Zargen mit Stuhl- oder Tischbeinen, Rahmen und Schubläden. Die einfachste Methode, eine haltbare Verbindung von stumpf zusammenstoßenden Teilen zu schaffen, ist die Dübelung. Aufwendiger jedoch, und bei alten Möbeln häufig anzutreffen, ist eine gezinkte Eckverbindung.

9.–10. Wenn Sie bei einem alten Möbel ein gezinktes Teil ergänzen müssen, übertragen Sie die Maße der alten Zinkverbindung auf das neue Holzstück. Zum Anzeichnen verwenden Sie Bleistift, Winkel und Streichmaß. Die Längsschnitte der Zinken führen Sie mit einer Feinsäge aus. Achten Sie dabei darauf, daß der Bleistiftstrich dabei stehen bleibt. Die Querseiten der Zinken werden mit dem Stechbeitel ausgestemmt. Um ein Verlaufen des Stechbeitels zu vermeiden, machen Sie zuerst, am besten mit der Hand und ohne Klüpfel, eine Kerbe. Anschließend arbeiten Sie die Zinken mit dem Stechbeitel bis zur Hälfte heraus. Dann wenden Sie das Brett und bearbeiten die andere Hälfte von der entgegengesetzten Seite. Dies verhindert, daß die Unterseite ausbricht. Arbeiten Sie immer eine Spur untergriffig, um eine bündige Kante zu erreichen.

Mit Alkohol, Lösungsmittel und Lauge arbeiten

Unterschiedliche Beschichtungen verlangen verschiedene Methoden der Entfernung. Es gibt die Möglichkeit des Ablaugens, geeignet für Möbel oder andere Holzobjekte, die auf Ölfarbbasis gestrichen sind. Das Abbeizen hingegen geschieht mit Lösungsmittelabbeizer und eignet sich besonders für Schellacke, Ölfarbanstriche und Nitrolacke.

1. Die Methode des Abwaschens mit 96% Alkohol (Spiritus) eignet sich speziell für Schellackoberflächen. Dies ist die mildeste Form, um Schellack von alten Möbelflächen zu entfernen. Sie benötigen dazu handelsüblichen Spiritus (ca. 96%), Stahlwolle 0000 oder 000 und weiße Lappen ohne hohen Synthetikanteil. Tragen Sie bei der Arbeit Schutzbrille und Gummihandschuhe.

Sie tauchen die Stahlwolle in Spiritus und reiben mit nicht allzuviel Druck über die Schellackfläche. Nach kurzer Zeit löst sich der Schellack, den Sie nun mit einem Lappen abwischen können. Diesen Vorgang wiederholen Sie so lange, bis die Fläche frei ist von Schellack. Als Abschluß nehmen Sie nun einen mit Alkohol stark befeuchteten frischen Lappen und reiben in Maserrichtung die gesamte Fläche ab, bis diese streifenfrei und sauber erscheint. Nach dem Trocknen können Sie den Vorgang nochmals mit trockener Stahlwolle 000 oder 0000 in Längsrichtung wiederholen. Sie erzielen damit eine seidig glatte Oberfläche, ohne die Patina und Farbe anzugreifen. Nach dieser Vorbehandlung können Sie wieder eine Schellackpolitur oder einen Nitrocelluloselack auftragen.

2. Bei hartnäckigeren Oberflächen können Sie den Lösungsmittelabbeizer verwenden. Sie benötigen dazu einen Pinsel ohne besondere Eigenschaften, eine Stoßspachtel mit Holzgriff, Waschlöser, Stahlwolle 000 oder

1

2

3

4

0000 und einen Lappen zum Abnehmen des Waschlösers. Abbeizer sollten stets nicht zu sparsam (ca. Messerrückendick) aufgetragen werden, damit die Lackschicht gut quellen kann. Tragen Sie den Abbeizer stets längs der Maserung durchgehend immer über die gesamte Länge auf. Das gleiche gilt für das anschließende Abnehmen mit der Spachtel. Obwohl dem Quellen genügend Zeit gegeben werden sollte, darf dabei der Abbeizer nicht trocknen. Nehmen Sie nun Strich für Strich mit der Spachtel ab. Danach waschen Sie die gesamte Fläche in gleicher Weise wie beim Alkohol mit Stahlwolle und Waschlöser ab und wiederholen auch diesen Vorgang mit einem Lappen, Waschlöser und trockener Stahlwolle. Ein Waschlöser ist eine aggressive Lösungsmittelverdünnung.

3.–4. Ablaugen eines gestrichenen (farbig lackierten) Möbels: Sie können hierfür einen fertigen Laugenabbeizer im Fachhandel kaufen, oder aber Sie besorgen sich in der Drogerie oder im Farbenfachgeschäft Ätznatron, das Sie selbst anmischen. Je nach Stärke der Lauge, die Sie benötigen, verwenden Sie ca. ein Teil Ätznatron und fünf Teile Wasser. Hierbei sollten Sie stets Gummihandschuhe und eine Schutzbrille tragen. Außerdem sollten Sie darauf achten, zuerst das Wasser einzufüllen und dann das Ätznatron einzurühren (sonst Spritzgefahr durch zu hohe Konzentration). Als Gefäß verwenden Sie am besten einen kleinen Plastikeimer. Wundern Sie sich nicht, daß die Laugenflüssigkeit durch die Reaktion sehr heiß wird. Sie sollten auch stets einen Eimer mit kaltem Wasser bereitstellen, um eventuelle Laugenspritzer auf Haut und Kleidung zu entfernen. Zum Auftragen verwenden Sie einen laugenfesten Pinsel mit Kunststoffhaaren. Nach dem Einwirken der Lauge spaltet sich die Farbe in eine wasserlösliche Verbindung. Die Flächen werden seifig und die Farbe läßt sich mit klarem Wasser und einer Wurzelbürste abwaschen. Diesen Vorgang können Sie beliebig oft wiederholen. Nachdem die Farbe vollkommen entfernt ist, lassen Sie das Möbelstück in Ruhe einige Tage (je nach Witterung und Standort) trocknen, bevor Sie es schließlich weiterbearbeiten.

Oberflächen abschleifen und abziehen

1. Sollen größere Fehlerstellen, Kratzer oder Ausbesserungen geebnet, oder undefinierbare Oberflächenbeschichtungen entfernt werden, so können Sie sich mit Schleifpapier und Schleifklotz aus Kork helfen.

Bei alten Möbeln und Holzgegenständen verzichten Sie besser auf Schleifmaschinen, da diese meist zu große Schleifflächen haben. Da bei alten Stücken aber kleinere Unebenheiten den Charakter mitbestimmen, würde man mit einer Schleifmaschine alles wegebnen. Mit dem Schleifpapier ist zwar mehr Zeit- und Kraftaufwand nötig, aber das Ergebnis wird sich lohnen.

Als Körnung verwenden Sie für furnierte Flächen 150–280er, für Massivholz 80–220er Schleifpapier, wobei die Zahl die Menge an Schleifkörnern pro cm^2 bedeutet, d. h. ein Schleifpapier mit Körnung 150 besitzt pro cm^2 150 Körner. Schleifstaub müssen Sie vor der weiteren Behandlung der Holzoberfläche sauber ausbürsten und dann am besten mit einem Staubsauger absaugen.

2. Abziehen mit Glas: Feinere Lacke lassen sich mit Glasstücken oft sehr einfach entfernen. Sie besorgen sich aus einer Glaserei Altglas und schneiden oder lassen es sich in Glasstücke handlicher Größe, ungefähr 7×7 cm, schneiden.

Das geschnittene Glas führen Sie mit der scharfen Kante in Faserrichtung und erreichen damit ein feines Abziehen des Lackes oder auch des Holzes.

3. Entfernen der Lackschichten mit Heißluftgebläse: Sie benötigen dazu ein einfaches Heißluftgebläse und eine Spachtel mit Holzgriff. Der Lack, insbesondere dickere Schichten, läßt sich so auf einfache Weise anweichen und als ganzes mit der Spachtel abnehmen. Sie erreichen damit auch Vertiefungen, die Sie auskratzen.

1

2

3

1

2

3

4

Holz beizen und lackieren

1. Beizen erfordert eine ausgesprochen saubere Vorarbeit und einen feinen Schliff; um so härter das Holz, um so feiner die Körnung des Schleifpapiers.

2. Nach dem Schleifen und Entstauben müssen Sie die Fläche wässern. Sie verwenden dazu einen Kunststoff-, Glas- oder Porzellanbehälter mit warmem Wasser, das mit einem Schwamm sehr naß in Faserrichtung aufgetragen wird. Nach kurzem Einwirken, kann es mit dem Schwamm wieder abgenommen werden.

3. Nach dem Trocknen der Fläche schleifen Sie diese nochmals fein, um die feinen Holzfasern und Härchen, die nach dem Wässern aufstehen, abzuschleifen. Diese Fasern würden sonst beim Beizen aufstehen und ergäben eine rauhe Oberfläche, die dann nicht mehr geschliffen werden kann.

4. Zum Auftragen der Beize verwenden Sie einen speziellen Beizpinsel mit weichen Borsten und metallfreier Borstenfassung, um eine Oxyidation mit Metallteilen zu verhindern. Für kleinere Flächen eignet sich auch ein Schwamm, nach Möglichkeit Naturschwamm. Auf Metallgefäße sollte auch beim Beizgeschirr verzichtet werden. Fertigbeizen, wie kratzfeste Konzentratbeizen, benötigen keinerlei Zusatz. Sie sind einfach in der Anwendung und die Farbtöne sind untereinander mischbar, so daß Sie fast jeden beliebigen Farbton erreichen können. Sie eignen sich für alle Hölzer, sind aber besonders für Laubhölzer, vor allem Rotbuche, Eiche, Limba etc. geeignet. Auf jeden Fall sollten Sie eine Probebeizung vornehmen. Legen Sie die Beizprobe auf dem gleichen Holz bzw. furnierten Stück an, aus dem auch die zu beizenden Werkstücke sind. Beizen Sie niemals an der Sonne oder in Ofennähe. Das Beizen in kühlen Räumen kann nie nachteilig sein.

Pulverbeizen werden stets in heißem Wasser gelöst, tragen Sie sie jedoch immer erst nach dem Erkalten auf. Über Lösungsverhältnisse geben die jeweiligen Hersteller im Verarbeitungshinweis Auskunft.

Rustikal-Lack-Beizen sind Spezialbeizen für die Erzielung rustikaler Tönungen und Effekte.

Chemische Vor- und Nachbeizen werden vorwiegend für Nadelhölzer angewendet, da sie gegenüber anderen Beizen ein sogenanntes positives Beizbild ergeben, d. h. das Frühholz bleibt heller als das Spätholz.

Wachsbeizen sind gebrauchsfertige, flüssige Holzbeizen, denen hochwertige Holzoberflächenwachse zugegeben sind. Alle Farbtöne eines Typs sind untereinander mischbar. Das Holz muß sauber geschliffen und frei von Fett, Öl, Wachs und Staub sein. Harzige Hölzer, wie Kiefer, Oregon und Zirbelkiefer, sind unter Einsatz von Waschlöser zu entharzen.

5. Nach gründlichem Durchtrocknen der Flächen (ca. 2–4 Stunden) bürsten Sie diese mit einer Ledereinsatzbürste oder einer Roßhaarbürste unter kräftigem Druck in Richtung der Maserung. Eine dezente Belebung des Glanzes durch das Bürsten wird durch den Überzug mit einer Schellackmattierung erreicht.

6. Schellackmattierung wird am besten mit dem Polierballen Strich neben Strich in Holzmaserrichtung aufgetragen. Alle anderen Überzugsarten scheiden aus, da durch den Wachsgehalt der Beize Verbundstörungen zwischen Beize und Überzugsmaterial entstehen. Eine Schellackmattierung ist auch von einem Hobbyschreiner relativ einfach wie beschrieben anzuwenden. Sie sollte aber nicht mit einer Schellackpolitur, wie sie auf polierten Möbeln ist, verwechselt werden. Fertige Schellackmattierungen sind heute meist auf Nitrocellulosebasis aufgebaut. Eine ebenfalls für den Laien durchführbare strapazierfähige Oberfläche ist das Lackieren mit Nitrocelluloselacken, die mit dem Pinsel, aber besser mit einem Spritzgerät aufgetragen werden. Man beginnt mit der Grundierung zum Zwecke der Holzzellenfüllung, sowie um ein starkes Aufsaugen des später aufgebrachten Lackes durch die Holzfläche zu verhindern. Die Grundierung ist als Fertigprodukt im

5

6

7

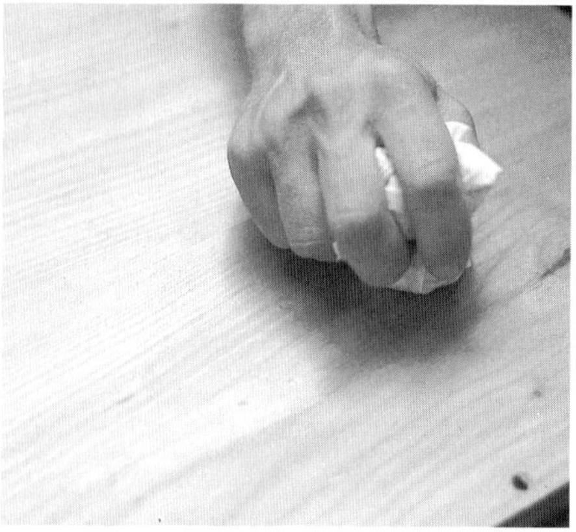

8

9

10

Handel erhältlich. Sie muß auf den jeweiligen Lack abgestimmt sein. Man erwartet von einer guten Grundierung, daß sie die Holzfaser wenig aufrauht, nicht verschliert und ein klares Beizbild erhalten bleibt. Eine Zugabe von Lichtschutzmittel kann insbesondere bei dunklen Tönen von Vorteil sein. Grundierte Flächen trocknen relativ rasch (ca. 30 Min.).

7. Vor dem Lackieren ist ein feiner Zwischenschliff ohne großen Druck (in Holzmaserrichtung) mit Schleifpapier der Körnung 240–320 erforderlich. Danach können als Holzlack Nitrocelluloselacke und Nitrokombinationslacke verwendet werden. Sie können sie in gleicher Art und Weise wie die Grundierung auftragen, je nach gewünschter Lackdicke auch mehrmals, wobei jede aufgetragene Lackschicht trocknen muß, ebenfalls ca. 3 Stunden. Lacke sollten aber nicht zu dick aufgetragen werden, nicht dicker als 180 m (0,180 mm). Bei zu dickem Auftrag besteht die Gefahr der Rißbildung. Eine für Sie geeignete, leicht zu realisierende Oberfläche ist durch die Verwendung von kaltgepreßtem Leinöl (erhältlich in Drogerien, Apotheken und Chemikalienhandlungen) zu erzielen. Der Auftrag erfolgt mit dem Flachpinsel. Nach kurzer Einwirkzeit, ca. 30 Min., kann der Überschuß mit einem Lappen entfernt werden.

8.–9. Nach 1–2 Tagen kann die Fläche mit einem Ballen, einer nicht zu harten Wurzelbürste, oder einer Ledereinsatzbürste poliert werden. Diese Oberfläche ist relativ resistent gegen Wasser und andere Flecken.

10. Um Tischplatten aus Ahorn, Rotbuche, Weißbuche, Birke und Eiche ohne Lackauftrag relativ unempfindlich zu machen, nimmt man herkömmlichen Scheuersand ohne irgendwelche Zusätze, eine Wurzelbürste und wenig Wasser. Schrubben Sie die Fläche in kreisender Bewegung, bis die Oberfläche seidig weich erscheint. Nach dem Sandschrubben sollte die Fläche klar abgewaschen (nicht zu naß) und nach dem Trocknen mit einer Ledereinsatzbürste poliert werden. Dieser Vorgang kann mehrmals jährlich als Reinigung wiederholt werden. Um so öfter diese Methode angewandt wird, um so unempfindlicher wird die Oberfläche. Auch hiernach ist ein Leinölaftrag möglich.

Furniere verarbeiten

Ganze Flächen, wie Tischplatten, Kommodenplatten oder -seiten, lassen sich vom Heimwerker nur sehr schwer furnieren, zumal bei alten Möbeln die Flächen nicht eben sind. Aber kleinere Ergänzungen sind nicht schwierig.

1. Sie benötigen dazu passendes Furnier, wobei mit passend die Holzart und die Farbe gemeint sind. Man wählt die Furniere lieber etwas heller als dunkler, da ein Nachbeizen (Anbeizen) einfacher ist als Bleichen, denn die genaue Farbe erhält man beim Bleichen so gut wie nie. Sie benötigen ein Furniermesser, eine Schere – Furnier läßt sich sehr gut mit einer scharfen Schere schneiden –, Schleifpapier 120–150er Körnung, Leim und Zwingen.
Schneiden Sie mit dem Furniermesser die kaputten Stellen sauber und mit geradem Schnitt aus, wobei es von Vorteil ist, wenn Sie diese leicht konisch zulaufen lassen, da Sie so mit größerer Paßgenauigkeit arbeiten können. Der Untergrund muß frei von alten Leimresten sein. Das einzusetzende Stück lassen Sie etwas länger und schneiden es ebenfalls mit Schere oder Furniermesser leicht konisch.

2. Dann setzen Sie es in die Fehlstelle und schieben es bis zur Schlüssigkeit nach oben. Wenn es genau paßt, geben Sie Leim daran und befestigen Sie es mit Zulage und Zwinge.

3. Nach dem Trocknen des Leims schneiden Sie mit einem Stemmeisen, dem Furniermesser oder auch einer feinen Holzfeile das überstehende Furnier ab, schleifen es und behandeln es, wie beschrieben, weiter.

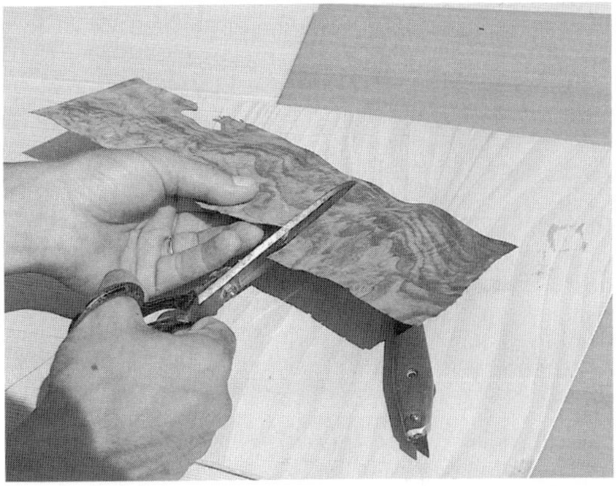

1

2

3

1

2

Den Holzwurm bekämpfen

Vor der Restaurierung eines Möbelstücks ist, falls nötig, die Holzwurmbekämpfung der erste Schritt. Oft sogar ist bei alten Möbeln die Bekämpfung tierischer Holzschädlinge die einzige notwendige Maßnahme zur Erhaltung, wenn der Wurmfraß nicht schon zu weit fortgeschritten ist und ganze Holzteile zerstört hat.

1. Bevor Sie sich für eine Bekämpfung entscheiden, prüfen Sie, ob sich tatsächlich noch lebende Larven oder Käfer im Holz befinden. Ein sicheres Zeichen hierfür ist der Mehlauswurf aus den Fluglöchern. Für den Test legen Sie unter die befallenen Stellen weißes Papier, z. B. in Schubläden oder unter Möbelfüße. Lassen Sie das Möbelstück nun, am besten im Frühjahr oder Sommer, einige Wochen stehen, ohne es zu berühren. Denn auch durch Daranstoßen kann alter Holzstaub herausfallen. Fällt der Test positiv aus, d. h. auf dem Papier haben sich kleine Holzmehlhäufchen gebildet, ist eine Schädlingsbekämpfung erforderlich. Bedenken Sie aber, daß in sehr altem Holz die Larven bis zu 8 Jahren wachsen und es deshalb möglich ist, daß Sie trotz Befall keinen Befund, also Mehlhäufchen, haben. In diesem Fall hängt die Entscheidung zur Bekämpfung von mehreren Faktoren ab: Wert, spätere Verwendung, Oberflächenbehandlung, Herkunft usw.

2. Haben Sie sich für eine Schädlingsbekämpfung entschieden, so prüfen Sie zuerst, ob eine physikalische, und somit ungiftige Methode, in Frage kommt. Die Wirkung der physikalischen Bekämpfung beruht auf Hitze und raschem Temperaturwechsel. Für den Heimwerker gibt es zwei Methoden: Kleine Möbelstücke oder Teile davon, z. B. Schubläden, Schranktüren und kleine Kästchen, können durch Erwärmen im Backrohr vom Holzwurm befreit werden. Analog dazu können Sie selbst

große Stücke in der Heimsauna durch Erwärmen ohne Zugabe von Wasser von Holzwürmern befreien. Manchmal hilft es bereits, wenn Sie einen Schrank im Winter, bei starkem Frost, gegen Nässe geschützt, eine Woche im Freien stehen lassen und ihn anschließend sofort in einen überhitzten Raum mit geringer Luftfeuchtigkeit stellen. Diese Heißluftmethode, die im großen Stil und mit aufwendigen Mitteln auch von Fachleuten angewendet wird, ist in der DIN Holzschutz 68 800 geregelt.
Für die Bekämpfung des Holzwurms gilt, daß die am schwersten zugängliche Stelle ca. 60 Minuten bei 55–60°C erwärmt wird. Bei der Frostmethode ist es vor allem der rasche Temperaturwechsel in möglichst trockener Luft, der den Schädling tötet.
Starke Temperaturschwankungen bei gleichbleibender Luftfeuchtigkeit schaden dem Holz nicht.
Achten Sie aber darauf, daß die Luftfeuchtigkeit in Sauna und Raum gleich ist, da sonst das Holz beschädigt werden kann. Möglichst nicht anwenden jedoch sollten Sie diese Methode, wenn die Oberfläche Ihres Möbels bemalt, lackiert oder poliert ist und ein heißverleimtes Furnier hat, da die hohe Temperatur möglicherweise die Beschichtung zerstört.

3. Wenn Sie sich gerade wegen einer kostbaren Oberfläche für eine chemische Behandlung entscheiden, müssen Sie auch hier einige Punkte zum Schutz der Möbeloberfläche beachten, da die öl- und lösungsmittelhaltigen Produkte die Oberfläche (Polituren, Anstriche) angreifen, und außerdem kann das Mittel nicht ins Holz eindringen. Decken Sie an den Stellen, die nicht behandelt werden, die Oberfläche ab und wischen Sie versehentliche Tropfen sofort ab.

4. Da, wie schon erwähnt, sich Holzwürmer gerne in feuchtem Holz aufhalten, finden Sie sie wegen der Feuchtigkeit durch die Fußbodenreinigung oft in Möbelfüßen. Bevor Sie nun das ganze Stück behandeln, stellen Sie die Füße in kleine Näpfchen und füllen diese bodenbedeckt mit dem Holzwurmmittel. Die Flüssigkeit zieht nun über die Fußsohle in das Holz und tränkt es durch und durch. Füllen Sie das Näpfchen immer wieder nach, bis das Holz nichts mehr aufnimmt. Bei

3

4

5

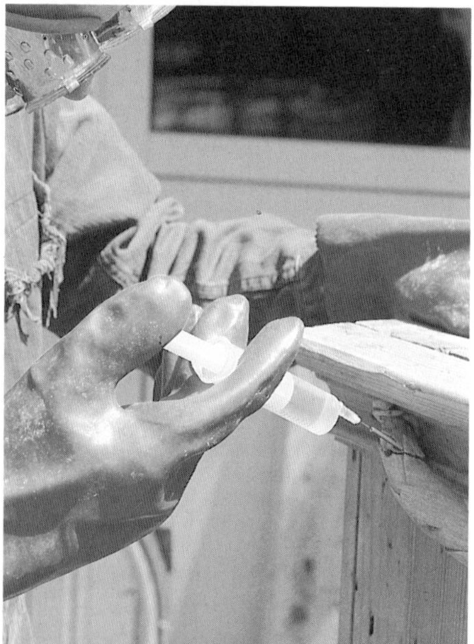
6

lackierten oder polierten Füßen dürfen Sie nur ganz wenig Flüssigkeit einfüllen, da die stehende Flüssigkeit sonst die Beschichtung angreift.

5. Sind auch andere Teile des Möbelstücks befallen, und ist die Oberfläche lackiert oder poliert, müssen Sie, gemäß den Herstellerangaben, das Möbelstück (Kästen, Kommoden) auch von innen behandeln. Sie können das Mittel entweder mit einem Pinsel oder einer Injektionsspritze verarbeiten. Bedenken Sie, daß der Befall nicht nur dort ist, wo man ihn sieht.

Ziel der Anwendung ist, ein möglichst tiefes Eindringen der Wirkstoffe durch Tränken zu erzielen, um den Holzzerstörer, also die Larve, selbst zu erwischen, oder den fertigen Käfer beim Ausflug.

6. Eine andere, sehr aufwendige, aber sehr wirksame Methode ist die Injektionsmethode mit einer Injektionsspritze. Diese Art hat grundsätzlich den Vorteil, daß Sie sie auch anwenden können, wenn Ihr Möbelstück lackiert, poliert, oder bemalt ist. Zwar ist auch hier Vorsicht geboten, daß keine Flüssigkeit aus den Fluglöchern tritt. Sollte Ihnen dies jedoch passieren, so entfernen Sie sie sofort mit einem gut aufsaugenden Lappen oder Schwamm.

7. Ein Trick, der Ihnen das Dosieren mit der Spritze erleichtert, ist, die Spritze mit einem Stück Kabelhülle eines elektrischen Drahts zu überziehen. Die Kabelhülle wirkt wie ein Pfropfen auf dem Flugloch und hält so austretende Flüssigkeit zurück. Vor dem Injizieren klopfen und saugen Sie den losen Holzstaub so weit wie möglich aus dem Loch.

Diese Produkte werden normalerweise mit Pinsel, Zerstäuber oder Injektionsspritze eingebracht. Bei sachgemäßer Verarbeitung besteht keine Gefahr für die Gesundheit. Allergiker, insbesondere Pollenallergiker, sollten jedoch besonders vorsichtig mit den Produkten umgehen.

8. Das zweite klassische chemische Verfahren zur Holzwurmbekämpfung ist die sogenannte Begasung. Es ist dies eine Methode, die ohne Schäden auch für die kostbarsten Möbelstücke und Kunstwerke durchgeführt werden kann. Üblicherweise werden hierfür aber hochwirksame Gifte verwendet. Deshalb sollte diese Technik dem Fachmann vorbehalten bleiben. Es gibt wohl zwei Methoden, die weniger giftig sind, da aber die notwendigen Produkte für den durchschnittlichen Heimwerker schwer zu bekommen sind, wird sie sich nur selten anwenden lassen. Bei dieser Methode werden die befallenen Stücke in einen luftdichten geschlossenen Kunststoffsack gesteckt.

Der erste Wirkstoff ist Paradichlorbenzol. Es handelt sich hier um Kristalle, die bei Zimmertemperatur verdampfen und chemisch mit den alten Mottenkugeln verwandt sind.

Eine heute immer häufiger angewendete Methode der Begasung ist die Verwendung von Kohlendioxyd (CO_2). Da es schwerer ist als Luft, kann es im wahrsten Sinne des Wortes in den Sack gefüllt werden.

9. Beachten Sie bei allen chemischen Bekämpfungsmitteln stets die Sicherheitsvorschriften: Führen Sie die Arbeit am besten im Freien oder in gut gelüfteten Räumen aus. Rauchen und Essen Sie nicht während dem Umgang mit den Mitteln. Tragen Sie Schutzkleidung (Brille, Schutzhandschuhe, Arbeitskleidung). Da die Stoffe auch noch geraume Zeit nach dem Verarbeiten wirksam sind, ist es notwendig, daß Sie die behandelten Stücke gemäß den Herstellerangaben gut durchlüften. Beachten Sie, daß unverpackte Lebensmittel nicht in direkten Kontakt mit der behandelten Oberfläche kommen. Verschiedene Firmen bieten hierfür geeignete Produkte zur nachträglichen »Versiegelung« der Imprägnierung an.

Zum Schluß noch ein wirksames Bauernrezept, sozusagen als »flankierende« Maßnahme: Mit diesem Mittel fangen Sie ausgeflogene Holzwürmer ein. Hängen Sie neben dem vom Holzwurm befallenen Möbelstück ein kleines zugenähtes Säckchen mit frisch geernteten Eicheln. Nach dem Ausflug ziehen die Duftstoffe der Eicheln den Holzwurm an. Er wird seine Eier also nicht mehr in das Möbelstück, sondern in das Säckchen ablegen. Ende Oktober, nach der Ausflugszeit des Käfers, erneuern Sie die Eicheln. Wiederholen Sie diese Methode über mehrere Jahre.

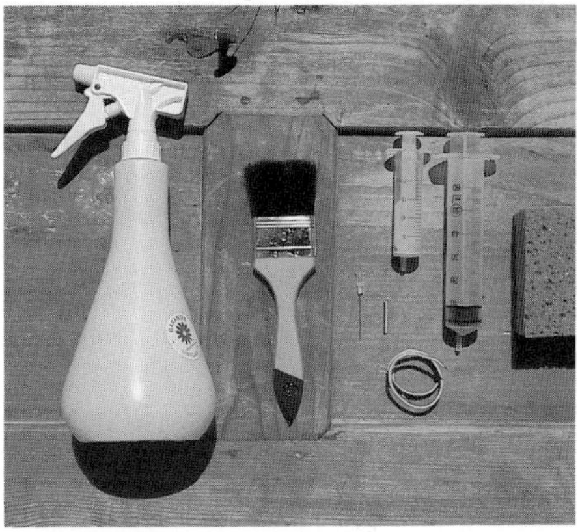

7

8

9

1

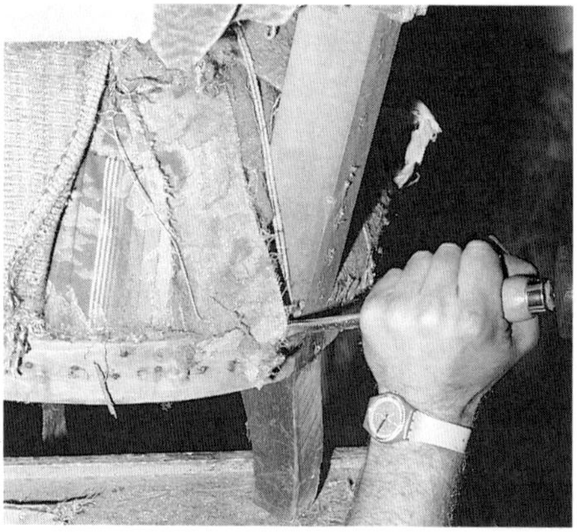

2

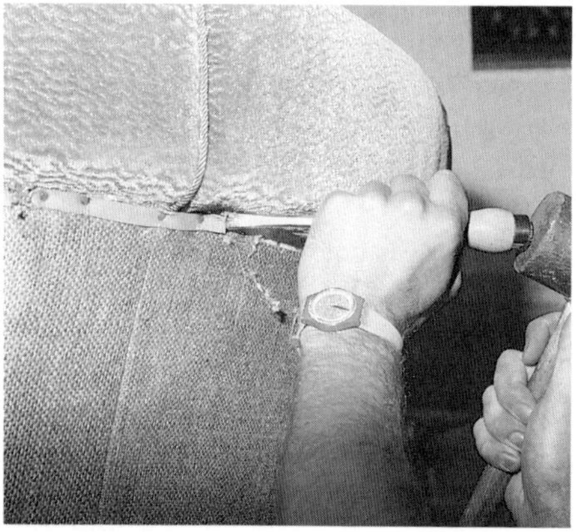

3

Einen Sessel abpolstern

Der Heimwerker, der einen Sessel abpolstert, sollte hierbei besonders aufmerksam vorgehen. In umgekehrter Reihenfolge erlebt er hier nämlich den Aufbau des Möbels, den er Schritt für Schritt verfolgen kann. Kleine Notizen darüber, wie hoch z.B. ein Polster war und welche Arbeitsvorgänge es beinhaltete, können später beim Polstern von großem Nutzen sein. Weil man oft nur nach Feierabend zum Hobbywerkeln kommt, und sich aus diesem Grund eine Polsterarbeit sehr in die Länge ziehen kann, ist es angebracht, die alten Materialien aufzuheben. Sie können als Gedächtnisstütze dienen, wie das Möbel gepolstert war und welche Materialien verwendet wurden. Das Abpolstern ist eine staubige Arbeit. Sollten Sie empfindliche Nasenschleimhäute haben, empfiehlt es sich, eine Staubmaske anzulegen. Bei einer Stauballergie lassen Sie diese Arbeit besser jemand anderen erledigen.

In diesem Polsterkurs werden Sie es nicht lernen, einen ganzen Vollpolstersessel aufzupolstern, da man diese Arbeit besser einem Fachmann überläßt. Der finanzielle Schaden könnte so groß sein wie die Enttäuschung über ein mißglücktes Unternehmen.

Sie können nach Absprache mit Ihrem Polsterer jedoch Geld sparen, wenn Sie die Arbeit des Abpolsterns selbst übernehmen. Er wird Ihnen sagen, was entfernt werden muß und was erhalten bleiben muß. Decken Sie Gegenstände, die nicht einstauben dürfen, gut ab oder arbeiten Sie auf der Terrasse oder dem Balkon, wenn Sie keine Hobbywerkstatt besitzen.

1. Zum Losschlagen benutzen Sie einen Holz- oder Gummihammer und einen Nagelheber. Außerdem brauchen Sie eine Kneifzange, Seitenschneider, Messer, Schere und bei neueren Möbeln einen Krampenheber.

Beim Abschlagen eines alten Vollpolstersessels beginnen Sie von unten. Wenn Sie den Sessel nun umdrehen, sehen Sie, daß er unter der Gurtung oft noch mit einem Nessel abgespannt ist.

Um die Nägel zu entfernen, setzen Sie den Nagelheber schräg an den Nagelkopf an und hebeln ihn beim Zuschlagen mit dem Gummihammer heraus. Nachdem der Abspannstoff entfernt ist, sehen Sie die Gurtung des Sessels von unten, die Sie jedoch vorläufig unberührt lassen.

2. Lösen Sie die Bezugsteile, die unterhalb des Sessels angebracht sind. Das Seiten- und das Rückenspannteil werden, nachdem der Sessel wieder gerade steht, völlig entfernt.

3. Unter dem Stoff kann sich an diesen Stellen eine zusätzliche Abspannung mit Sackleinen oder Pappe befinden. Ist diese abgenommen, können Sie erkennen, wie der Bezugsstoff von Armlehnen, Sitz und Rücken mit sogenannten Zugstreifen an die Holzzargen genagelt ist. Diese Nägel können Sie nun ebenfalls herauslösen.

4. An der Vorderseite des Sessels können sich bezogene oder polierte Holzblenden befinden. Diese lösen Sie, in dem Sie mit einem Schraubenzieher dazwischenfahren; lösen Sie anschließend deren Bezug ebenfalls. Die Bezeichnung dieser Blende in der Fachsprache ist Schatose. Neben ihrer Aufgabe als optische Zierde hat sie den Zweck, die darunterliegende Nagelung des Armlehnbezugs zu verbergen.

5.–6. Nachdem die Blenden entfernt sind, gehen Sie daran, die obere Befestigung von Armlehnen und Rückenlehne zu lösen. Sollten sich in der Rückenlehne noch Schnüre oder eingezogene Knöpfe einer Rautenheftung befinden, so trennen Sie sie nun heraus. Der alte Bezugsstoff von Arm- und Rückenlehne kann jetzt abgezogen werden und das darunterliegende Weißpolster wird sichtbar. Trennen Sie die Nähte an der Sitzvorderkante auf und entfernen den Stoff vom Sitz und vom Sitzvorderboden ebenfalls. Wenn die nun im ganzen sichtbare Weißpolsterung in einem guten Zustand ist, kann die Arbeit des Beziehens beginnen.

4

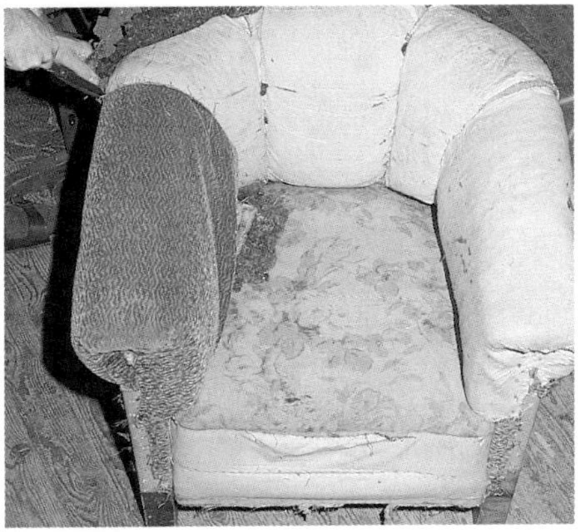

5

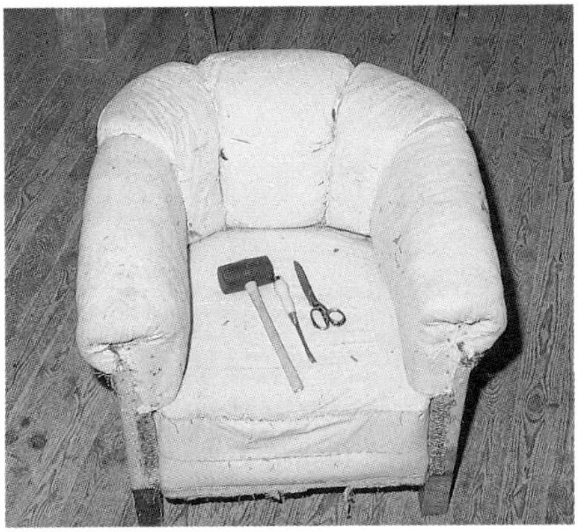

6

1

2

3

Bezugsstoffe richtig ausmessen

1. Die Beratung: Kaufen Sie Ihren Stoff dort, wo Sie gut und fachkundig beraten werden. Manches Billigprodukt entpuppt sich als teure Anschaffung, wenn es einmal verpolstert ist und Ihren Ansprüchen dann nicht genügt. Der Preis: Schauen Sie, das Beste für Ihr Geld zu bekommen . Ein Preisvergleich kann nie schaden. Wenn Sie ein Möbel polstern lassen wollen, fragen Sie ob der Polsterer Ihnen auch den Stoff verkaufen kann, den Sie sich vorstellen. Die Polsterung wird oft teurer, wenn Sie einen eigenen Stoff mitbringen.
Die Qualität: der Stoff sollte der Qualität des Möbels entsprechen. Die Haltbarkeit muß erfragt werden in bezug auf Häufigkeit und Art der Benutzung.
Der Stil: Jede Zeit hatte ihre Stoffe. Ein Sitzmöbel kommt besser zur Geltung, wenn der Bezug dem Stil des Möbels und dem Ihrer Wohnung angepaßt ist. »Stilbrüche« sind natürlich erlaubt, doch nur wirkungsvoll, wenn sie sparsam und bewußt eingesetzt sind.
2.–3. Wenn Sie einen Stoff gefunden haben, der Ihren Vorstellungen entspricht, ist es wichtig zu wissen, in welcher Menge Sie ihn kaufen müssen. Je nach Größe des Musters werden Sie eine unterschiedliche Stoffmenge benötigen. Die Musterwiederholung in einer Stoffbahn wird Rapport genannt. Man unterscheidet dabei Längen- und Breitenrapport. Ist der Rapport in dem Musterbuch nicht angegeben, erfragen Sie ihn oder messen Sie ihn selbst am Muster aus. Es ist nämlich wichtig, daß z. B. bei einem großen Blumenmuster die Blume jeweils in der Mitte des Sitzes, der Rücken- oder Armlehnen plaziert werden kann. Achten Sie auch darauf, ein großflächiges Muster nach seinen schönsten Stellen zu zentrieren. Sitz und Rückenlehnbezug sind dabei immer am augenfälligsten.

4. Um Ihren Vollpolstersessel auszumessen, brauchen Sie ein Bandmaß, Papier und Bleistift. Schreiben Sie die auszumessenden Teile untereinander: Sitz, Sitzvorderboden (Svb), Rückenlehne vorn, Rückenlehne hinten, 2 x Armlehne innen, 2 x Armlehne außen, Blenden. Daneben legen Sie 2 Spalten an, die Sie mit Länge und Breite überschreiben. Hier hinein schreiben Sie, was Sie ausgemessen haben.
Beim Sitz rechnen Sie in der Breite auf jeder Seite 15 cm und in der Länge einmal 15 cm zum sichtbaren Stoff. Beim Svb geben Sie seitlich je 15 cm Zugabe und in der Höhe 10 cm.

5. Die Höhe der Rückenlehne messen Sie an der längsten Stelle, meistens ist dies die Mitte. Oben an der Rückenlehne rechnen Sie plus 5 cm, unten mindestens plus 15 cm. In der Breite nehmen Sie die größte Strecke und rechnen auf jeder Seite 5 cm dazu.

6. Bei den inneren Armlehnbezügen ergibt sich die Länge, wenn man von außen nach innen in den Sessel hineinmißt und an der Außenseite 5 cm und innen 15 cm hinzurechnet. Die Breite bekommen Sie, indem Sie von der hinteren Senkrechten des Sessels bis um die vordere Wulst herum messen und auf jeder Seite 5 cm Zugabe hinzurechnen. Der Stoff für die äußeren Armlehnen braucht zu den sichtbaren Ausmaßen in Länge und Breite 8 cm zusätzlich. Der hintere Rückenlehnbezug soll in Länge und Breite 8 cm größer sein als die zu beziehende Fläche.
Jetzt kann es noch nötig sein, daß vorn an den Armlehnen Blenden angebracht sind, die ebenfalls bezogen werden müssen. Die Zugabe in Länge und Breite beträgt 5 cm. Sie haben jetzt alle Einzelmaße, die Sie zur Errechnung der Stoffmenge benötigen.
Die Stoffbreite bei Möbelstoffen liegt zwischen 130 cm und 150 cm, es gibt jedoch Ausnahmen.
Im Maßstab 1 : 10 skizzieren Sie nun eine Stoffbahn auf einem Blatt Papier. Falls Ihr neuer Bezugsstoff einen Rapport haben soll, deuten sie sich diese Musterwiederholung ebenfalls an. Sie legen die Zuschnittskizzen auf und finden so den günstigsten Zuschnitt heraus.

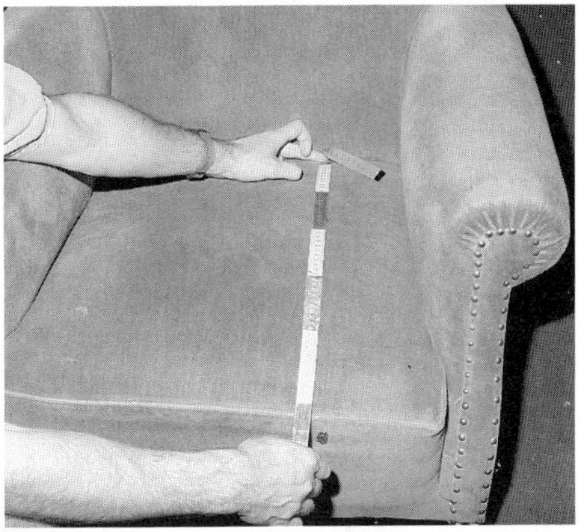

4

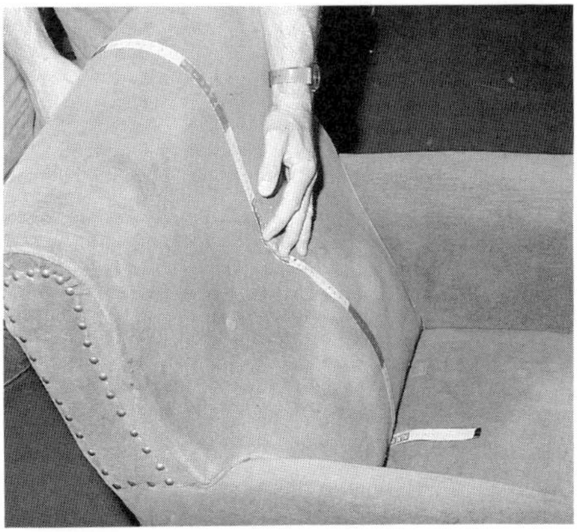

5

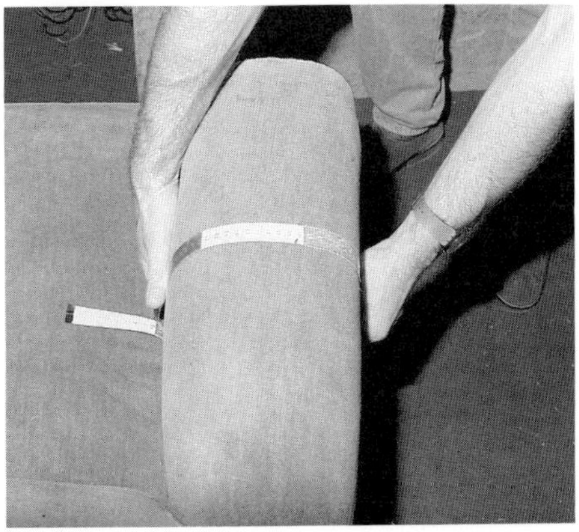

6

Aufgeplatzte Nähte schließen

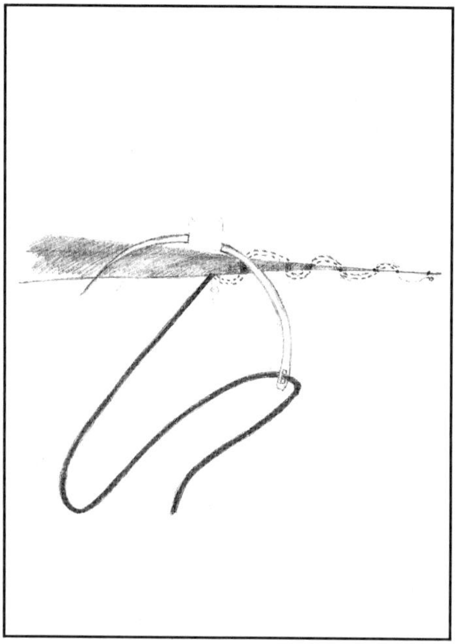

1

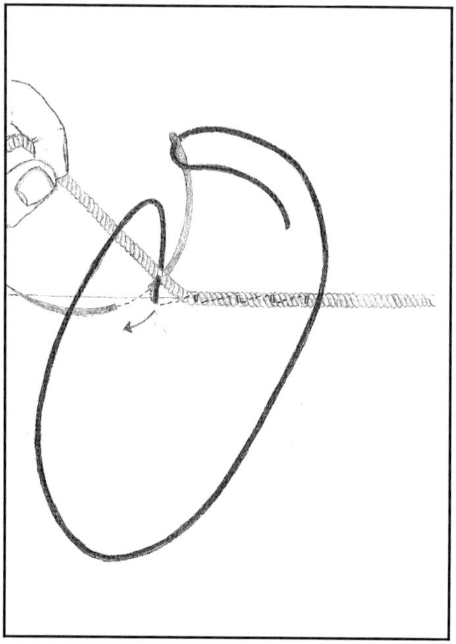

2

Oft geschieht es, daß an Polstermöbeln eine Naht aufplatzt. Um diese möglichst unauffällig wieder zu schließen, wenden Sie den sogenannten »verzogenen« Stich an.

1. Sie benötigen einige Stecknadeln, eine 90 mm lange gebogene Polsternadel und einen stabilen, farblich passenden Faden. Die aufgeplatzte Stelle wird mit den Stecknadeln zusammengesteckt. Nachdem die Nadel eingefädelt und ein Knoten am Ende des Fadens plaziert ist, wird die Naht von rechts nach links begonnen. Zuerst stecken Sie die Nadel durch die Öffnung nach rechts und verstecken damit den Endknoten. Nun nähen Sie oben und unten mit ca. 1 cm großen Stichen, wobei Sie jedesmal ca. 1 mm hinter dem Nadelaustritt wieder neu einstechen. Ziehen Sie den Faden so an, daß die Naht gut schließt, jedoch keine Falten zieht. Am Schluß nähen Sie etwas über die Rißstelle hinaus, bevor Sie das Ende verknoten.

2. Die Enden der Möbelschnur werden mit Klebeband umwickelt, damit die Schnur sich nicht aufdrehen kann. Die Zierschnur wird an der vorgesehenen Stelle stramm angesteckt. Mit der eingefädelten Nadel sticht man nun unter der Schnur knapp ins Polster, damit der Faden fixiert ist. Nun steckt man die Nadel von unten nach oben senkrecht durch die Schnur. Danach machen Sie einen ca. 2 cm großen Stich, der durch den Möbelstoff vom Fadenaustritt nach links schräg unter die Schnur geführt wird. Dann wird wieder von unten durch die Möbelschnur gestochen, der Faden angezogen, wieder schräg hinter der Schnur durch das Polster usw. bis die Kordel auf ganzer Länge befestigt ist. Das Fadenende fixieren Sie mit einem Ziehknoten.

Knöpfe in lose Kissen einziehen

Um Knöpfe in ein loses Kissen einzuziehen, brauchen Sie eine ca. 50 cm lange Perlonschnur, 2 Knöpfe und eine gerade, 20 cm lange Garniernadel.

1. Einer der Knöpfe wird auf den Faden gefädelt. Halten Sie nun beide Enden des Fadens in der Hand und fädeln Sie sie zusammen durch das Nadelöhr. Stecken Sie die Nadel nun von unten nach oben durch die vorgesehene Stelle. Der untenliegende Knopf ist somit schon plaziert. Nehmen Sie die Nadel aus dem Faden und fädeln Sie den zweiten Knopf, der später auf der Kissenoberseite liegen soll, auf eines der Fadenenden. Anschließend wird an das Ende dieses Fadens ein Knoten gelegt. Diesen Knoten führen Sie nun in einer Schlinge um den anderen Faden und ziehen ihn dort fest. Somit ist jetzt eine Schlinge entstanden, die in einen einzelnen Faden ausläuft.

2. Jetzt greifen Sie mit einer Hand durch die Schlinge und ziehen mit Daumen und Zeigefinger diesen Faden an, dessen Ende Sie jedoch weiterhin festhalten.

3. Jetzt ziehen Sie an dem Faden, den Sie gegriffen haben, und sehen, wie der Knoten sich mit dem Knopf zum Kissen hinzieht. Ist der Knopf so stramm angezogen, wie Sie es wünschen, wird der Vorgang noch zweimal wiederholt. Sie greifen wieder mit der rechten Hand durch die Schlinge und bilden mit dem anderen Fadenende die nächste Schlinge, indem Sie dieses anziehen. Man darf jedoch nie das Fadenende mit der linken Hand loslassen.

Ist dieser Vorgang abgeschlossen, wickeln Sie das Fadenende zweimal durch die erhaltengebliebene Schlinge. Anschließend ziehen Sie dann das Fadenende an und beide Knöpfe befinden sich verknotet und richtig plaziert am Kissen.

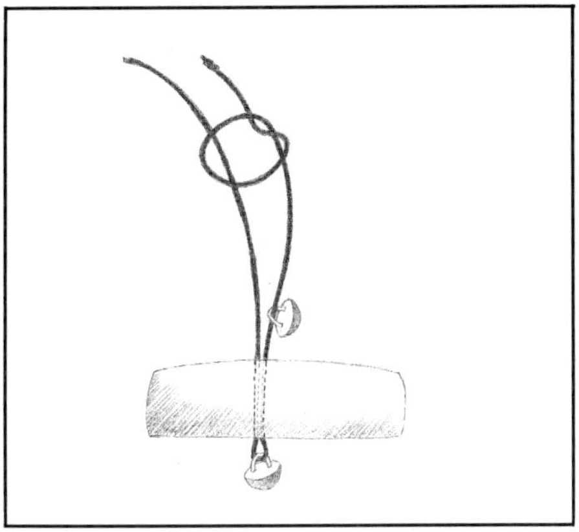

1

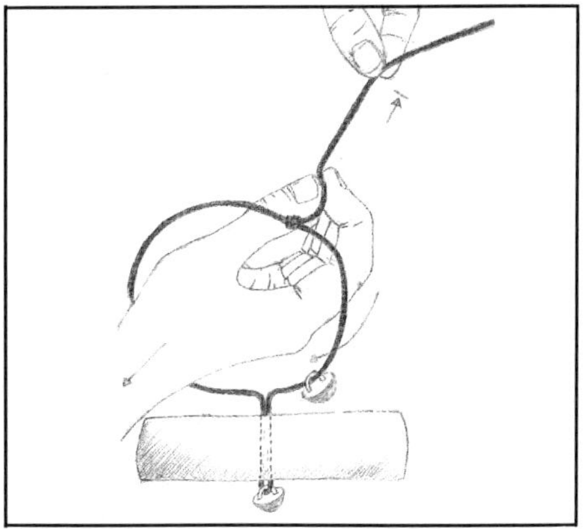

2

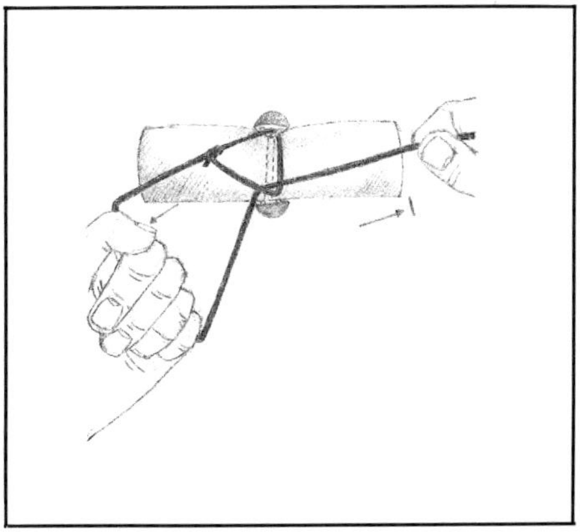

3

1

2

3

Kanten mit Ziernägeln und Borten versäubern

1. Eine große Auswahl an Ziernägeln verhilft einem oft zur Qual der Wahl, wenn man die Begrenzung eines Polsters mit ihnen gestalten will. Achten Sie beim Kauf auf die Qualität. Es gibt Ziernägel, deren Kopf rosten kann! Größe und Stilrichtung sollen auf das Möbelstück abgestimmt sein und ihm nur zusätzlichen Akzent geben, es aber nicht bestimmen.
Grundsätzlich wird der Stoff zuerst fadengerade mit Kammzwecken übergeheftet. Die Nägel werden nicht ganz hineingeschlagen, sondern nur soweit, daß sie den Stoff provisorisch halten. Dies geschieht zuerst in den Mitten. Der Bezugsstoff soll so zugeschnitten sein, daß er überall 2 cm über die spätere Kante reicht. Der Überstand wird schon beim Heften nach innen eingeschlagen. Von den Mitten aus ziehen Sie den Stoff straff auf die Ecken zu, wo Sie, wenn die Ecke »sitzt«, gleich einen Ziernagel einschlagen können.
Nun geht es an die Aufteilung der Geraden zwischen den Eckziernägeln. Eine Möglichkeit ist der Perlschlag, bei dem die Nagelköpfe dicht nebeneinander liegen wie bei einer Perlenkette. Die zweite Lösung ist, sich einen Abstand zwischen 1,5 cm und 4 cm zu suchen, diesen in einen Zirkel zu nehmen und auszuprobieren, ob er sich in der Geraden unterbringen läßt.
2.–3. Schließt man einen Bezugsstoff mit einer Borte oder Gimpe ab, muß dieser zuvor schon fest angenagelt sein. Früher geschah das Befestigen der Borte mit feinen Nägeln, man nähte sie an oder klebte sie mit Keimeleim. Mit einer Heißklebepistole und Klebepatronen kann diese Arbeit wesentlich beschleunigt und doch sauber ausgeführt werden. Achten Sie jedoch darauf, daß Sie sich am flüssigen Kleber nicht verbrennen.

Mit der Klebepistole werden Borten sauber verarbeitet

1

2

3

4

Einige Tips zum Stuhlrohrflechten

Ob Sie nun ein altes und gebrochenes Geflecht erneuern wollen oder entdeckt haben, daß Ihr Polsterstuhl eigentlich für Geflecht eingerichtet war, die Vorbereitungen bleiben die gleichen. Es ist für Sie sicher kein Problem, als Heimwerker oder Heimwerkerin dem Möbelstück selbst wieder den alten Glanz zu verleihen.

1. Legen Sie die Flechtleisten frei und säubern Sie die Flechtlöcher gründlich von altem Geflecht, verleimten Dübeln und Staub. Die Flechtlöcher müssen für die weitere Arbeit alle ungefähr gleichgroß sein.

Schneiden Sie altes Geflecht mit einem Teppichmesser an den Flechtleisten entlang ab und ziehen Sie entweder die restlichen Fäden an der Unterseite mit dem Vorstecher heraus oder bohren Sie mit einem Elektrobohrer die Löcher aus. Dabei müssen Sie darauf achten, ob die Löcher eventuell schräg gebohrt wurden. Alle Nagelreste müssen entfernt werden oder abgebrochene Nägel mit einem Versenker in das Holz getrieben werden.

Diese Löcher können Sie nach dem Flechten und einer Restaurierung des Holzes mit farbigem Wachs oder Holzkitt ausfüllen. Wenn Sie den Stuhl restaurieren möchten, sollten Sie vor dem Flechten den Flechtrahmen in der gewünschten Farbe gebeizt und fertig poliert haben, da das Geflecht auf dem Holz aufliegt.

Holzrisse in der Flechtleiste müssen gut verleimt sein und fehlende Teile ersetzt werden. Ein stark holzwurmbefallenes Teil sollte immer auf die Belastbarkeit geprüft werden.

2. Als Material nehmen Sie möglichst die gleiche Fadenbreite wie im Original. Ist kein altes Geflecht vorhanden gewesen, gilt eine Faustregel: Bei einem Lochabstand von ungefähr 15 mm benutzen Sie Stärke 3, bis 10 mm Stärke 2, darunter Stärke 1. Über 15 mm nehmen Sie Stärke 4.

Mit der richtigen Wahl erleichtern Sie sich die Arbeit sehr. Das Material können Sie in den Mengen, in denen Sie es benötigen, im Fachhandel (z. B. Bastelläden) kaufen.

3. Dort finden Sie auch vorgefertigte Haltekeile oder Peddigrohr, das Sie sich selbst in die gewünschte Form schneiden können.

Meterware von vorgeflochtenem Stuhlrohrgeflecht eignet sich nicht zum Verarbeiten auf Stühlen, es ist eher gedacht für Heizungsverkleidungen und dergleichen. Eine wirklich gute Haltbarkeit des geflochtenen Sitzes erreicht man nur, wenn man den einzelnen Faden durch die Löcher führt.

Prüfen Sie beim Kauf des Materials dessen Elastizität, läßt es sich zu leicht brechen, ist das Flechtwerk zu alt.

4. Das Material sollten Sie trocken verflechten, im nassen Zustand wird der Faden durch den Zug gedehnt und da er sich beim Trocknen wieder zusammenzieht, kann das Geflecht eine solche Spannung bekommen, daß einzelne Fäden reißen können. Außerdem läßt sich der Faden in trockenem Zustand einfacher durch das Geflecht ziehen.

Wenn Sie den Sitz eines Stuhles mit geflochtener Rückenlehne neu beflechten, ist der Unterschied zwischen altem und neuem Geflecht meist zu stark.

Mit schwarzem Tee oder verdünnter Wasserbeize können Sie das neue Geflecht an die alte Farbe angleichen. Wiederholen Sie das Färben öfter und lassen Sie das Geflecht zwischendurch immer wieder trocknen.

1

2

3

Technik des Vergoldens

Grundierung und Poliment

Grundsätzlich können alle Gegenstände, die aus Holz sind, vergoldet werden. Dazu muß das Holz grundiert werden. Die Grundierung besteht aus Kreide und Leim, und je nach Erfahrung hat jeder Vergolder (Vergolderin) seine (ihre) eigene Rezeptur: Verschiedene Kreidearten, z. B. Bologneser Kreide und China Clay, die im Fachhandel erhältlich sind, werden im Verhältnis 1:3 mit Leim (Hautleim) und Wasser, im Verhältnis 1:6, gemischt.

Zubereitung der Grundierung

1. Zuerst muß der Leim in Wasser aufgelöst werden, hierzu läßt man ihn am besten über Nacht quellen und erhitzt ihn dann im Wasserbad (Blechdose mit Leim und Wasser in Kochtopf stellen). Durch Rühren löst sich der Leim vollständig auf, er darf aber nicht heißer als 60°C werden. Dann gibt man soviel Leim, wie für die Grundierung benötigt wird, in eine andere Blechdose und gibt die vorher gesiebte Kreide nach und nach mit der Hand hinein, bis nichts mehr in den Leim einziehen kann.

2. Ist die Kreide eingesunken, muß man mit einem Holzstab oder einem Pinsel langsam umrühren, bis Kreide und Leim vollständig miteinander vermischt sind; man kann nun mit dem Grundieren beginnen.

3. Zuerst muß das Holz mit dem warmen Hautleim eingestrichen werden, damit der Kreidegrund darauf haften kann. Grundiert wird ca. 4–6mal mit einem runden Borstenpinsel, dabei muß der Grund immer wieder im Wasserbad erwärmt werden. Lassen Sie den Grund nach jedem Auftrag trocknen. Ist alles grundiert, wird der Grund mit mittelstarkem Schleifpapier ganz fein geschliffen, damit später beim Vergolden keine Unebenıeiten und Körnchen unschön zum Vorschein kommen. Der Schleifstaub wird mit einem feuchten Schwamm abgewaschen, dann kann polimentiert werden.

Polimentierung

Poliment gibt es in Pastenform und muß auch mit etwas Leim gebunden werden. Hierzu kann derselbe Hautleim verwendet werden wie für die Grundierung. Zubereitung: Geben Sie Poliment in ein Gläschen und schütten nach und nach immer nur ein wenig Leim hinzu, den Sie gut verrühren; es dürfen keine Klümpchen übrigbleiben. Hierzu gehört ein wenig Erfahrung, denn das Poliment kann zu stark oder zu schwach geleimt werden. Man erkennt es beim Auftragen und wenn es getrocknet ist: ein zu dunkles rot bedeutet zu stark, ein zu helles rot bedeutet zu schwach geleimt. Dadurch kann die Vergoldung stumpf werden oder abblättern. Testen Sie hierzu vielleicht am besten vorher an einem Probestück die Stärke des Poliments. Polimentiert wird mit einem weichen Fischpinsel, der Auftrag erfolgt 2–3mal. Das Poliment muß dabei immer lauwarm sein.

Vergolden

4. Reiben Sie die polimentierte Fläche mit feiner Stahlwolle ab, der Glanz des Goldes wird dadurch später schöner. Nehmen Sie das Vergolderkissen in die linke Hand und stecken Sie den Daumen in die dafür vorgesehene Schlaufe.

5. Auf dem Brett befestigen Sie mit einem herkömmlichen Haushaltsgummi und einem Nagel ein Heftchen Blattgold. Legen Sie ein Blatt Gold frei und legen Sie das Vergoldermesser so flach darauf, daß Sie vorsichtig das Gold darauf blasen können, um es dann glatt auf das Kissen zu legen. Das erfordert ein wenig Übung; verzweifeln Sie nicht, wenn es nicht gleich beim ersten Mal klappt. Achten Sie auch darauf, daß im Raum keine Zugluft ist, sonst fliegt Ihnen das Gold davon. Das Gold wird dann mit einem Messer in entsprechend große Stücke geschnitten.

6.–10. Anschließend wird auf die zu vergoldenden Stellen mit dem Fischpinsel die Netze, ein Gemisch aus Wasser und Spiritus im Verhältnis ca. 50:50, aufgetragen (vgl. 7.–10.). Nehmen Sie das Gold mit dem

4

5

6

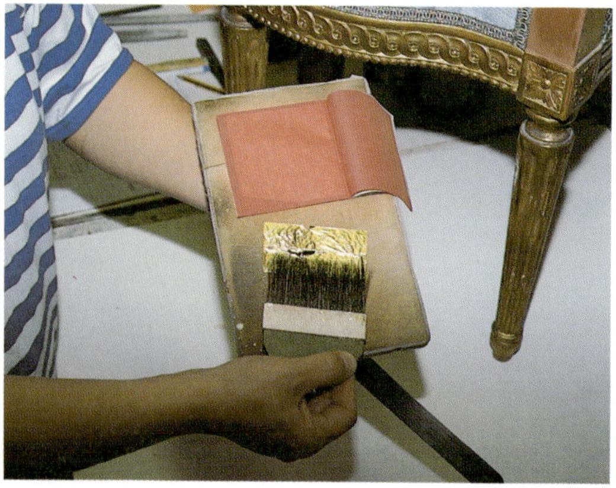

7

8

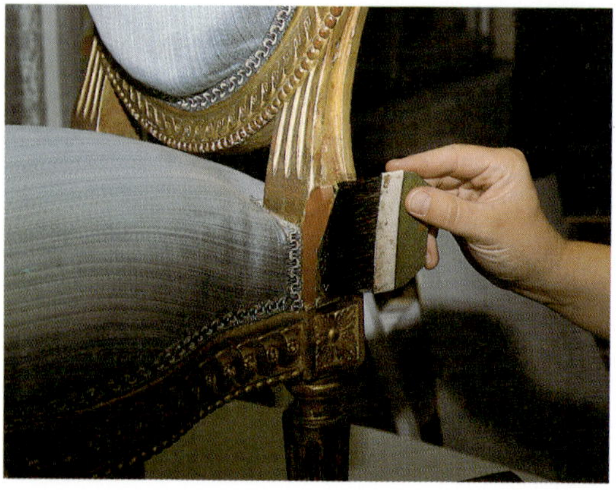

9

10

1

1

Anschießer auf, legen Sie es auf die benetzte Stelle. Diesen Vorgang nennt man anschießen. Zuviel Netze läßt das Gold später fleckig erscheinen, nehmen Sie den Pinsel deshalb nicht zu naß! Benetzen Sie nur soviel, wie Sie sofort vergolden können. Wenn die Netzflüssigkeit ganz ins Poliment eingezogen ist, hält das Gold zwar noch darauf, aber beim Polieren kommen solche trocken angeschossenen Stellen unschön zum Vorschein.

Wenn die gesamte Fläche belegt worden ist, prüfen Sie, ob auch alles getroffen ist, Fehlstellen können später ausgebessert werden, indem sie mit Netze befeuchtet werden, um dann ein Blattgoldstückchen darauf zu legen. Belegen Sie zuerst glatte Flächen und dann Verzierungen. Wo jedoch Verzierungen unmittelbar an glatte Flächen anschließen, werden zuerst die vorstehenden Teile nahe der Fläche angeschossen.

11. Nun müssen Sie den Goldauftrag ca. 1–2 Std., je nach Raumtemperatur, trocknen lassen und können ihn dann mit dem Achatstein polieren. Reiben Sie das Gold damit unter gleichmäßigem Druck glatt. Achten Sie darauf, daß alles glattgerieben wird, weil sonst der Glanz unregelmäßig wird. Dies war im Prinzip der letzte Arbeitsvorgang. Wenn Sie wollen, können Sie das Gold mit feiner Stahlwolle etwas durchreiben, damit das Poliment etwas zum Vorschein kommt und dem Gegenstand ein antikes Aussehen verleiht.

12. Sie können dann mit Zaponlack einmal und mit Schellack einmal lackieren, um das Gold vor Beschädigung zu schützen, und es je nach Geschmack mit einer Antiklasur überziehen.

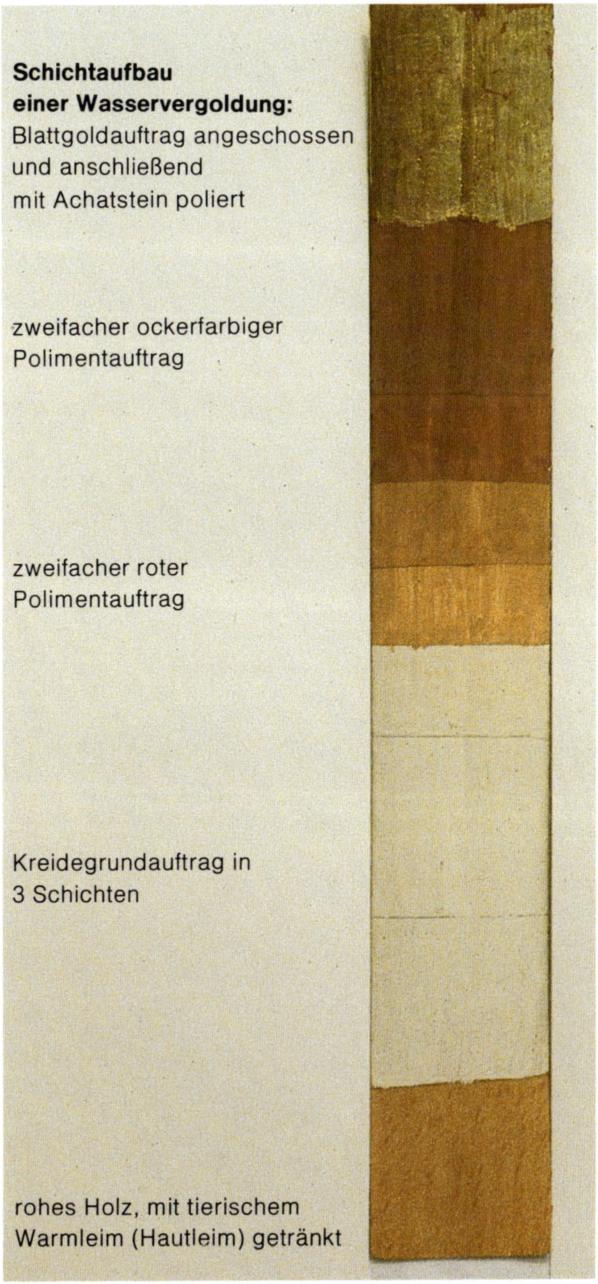

Schichten einer Wasservergoldung

1

2

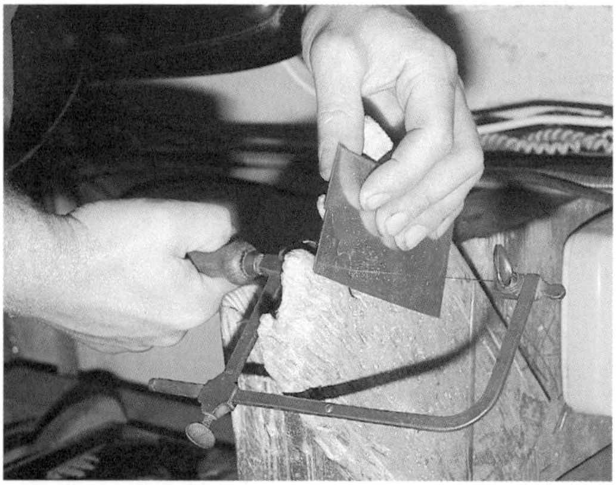

3

Beschläge kopieren

Ein Schließblech, wie es hier vorgestellt ist, selbst herzustellen, gelingt Ihnen sicherlich leicht selbst. Das hier besprochene Modell ist gesägt, gefeilt, gepunzt und poliert.

1.–2. Um das Metall weicher zu machen, um es leichter verarbeiten zu können, erwärmen Sie es zunächst auf einer Herdplatte oder mit der Lötflamme. Dieser Arbeitsschritt ist zwar nicht unbedingt erforderlich, doch erleichtert er Ihnen die Arbeit erheblich. Wenn Sie ein verlorenes Schließblech kopieren, legen Sie nach dem Erkalten das alte Schließblech auf das Neue und übertragen dessen Konturen auf das Messingblech.

3. Mit einer Goldschmiedesäge, eine normale Laubsäge ist auch geeignet, sägen Sie nun das angerissene Schließblech sorgfältig aus. Verwenden Sie für diese Arbeit ein für Metall geeignetes Laubsägeblatt.

Spannen Sie es so ein, daß die Zähne nach unten zeigen.

Sägen Sie, ohne starken Druck auf die Säge auszuüben. Halten Sie die Säge beim Sägen oben leicht nach vorne. Damit das Sägeblatt besser gleiten kann, sägen Sie immer wieder einmal in ein kleines Kerzenstück.

4. Den ausgesägten Rohling entgraten Sie mit einer Feile. Je nach Vorlage brechen Sie jetzt die Kanten, d. h. Sie feilen eine Schräge. So eine Schräge nennt man auch Fase.

5. Nun zeichnen Sie die Ornamente des Schließbleches ein. Wenn Sie ein gepunztes Schließblech haben, so markieren Sie nach

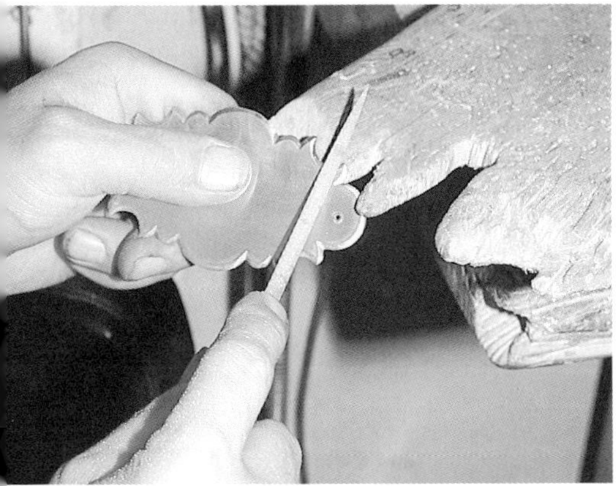

7

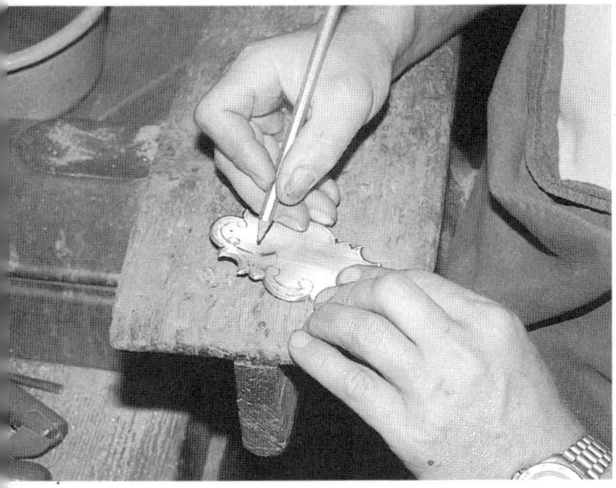

8

9

10

11

12

Ihrer Vorlage mit Bleistift das Ornament von de
Vorderseite her an, bevor Sie beginnen.

6.–7. Mit geeigneten Punzen, z. B. sogenann
ten Laufbunzen, eine Art kleiner Meißel, treibe
Sie die Ornamente in das Blech. Wenn eine Ver
tiefung entlang der Kante läuft, so nennt ma
das Eintreiben dieser Linie mit einem Punze
Fassen.

Diese Arbeit führen Sie auf einer harten Meta
lunterlage z. B. einem Amboß, aus.

8. Wenn die Verzierungen im Blech erhabe
sind, so zeichnen Sie, anders als bei den ge
punzten Ornamenten, die Verzierungen von de
Rückseite des Bleches an. Mit geeignete
Treibpunzen treiben Sie nun von der angezeich
neten Rückseite aus die Ornamente in da
Blech.

Diese Tätigkeit müssen Sie auf einem Bleibe
ausführen, damit sich die Verzierungen auc
durch das Blech drücken können.

9. Anschließend wenden Sie das so getrieben
Schließblech und gleichen mögliche Uneben
heiten durch Gegenschlagen aus. Nun erfolg
das Abschleifen.

Mit einem geeigneten Schleifpapier und einen
Schleifklotz nehmen Sie den durchgetriebene
Ornamenten die Spitzen.

10.–11. Der letzte Arbeitsschritt ist, wenn Si
es wünschen, die Politur. Diese wird bei Meta
len mit einem sogenannten Polierstab ausge
führt. Durch starkes Reiben mit einem harte
Metallstab wird die Oberfläche des Messings s
geglättet, daß sie glänzt.

12. Eine andere Möglichkeit der Endbehand
lung ist das sogenannte Verzinnen. Dabei wir
das Messing mit flüssigem Zinn hauchdün
überzogen. Mit geeigneten chemischen Mitteln
z. B. Pariser Oxyd, das in Goldschmiedebe
darfsläden oder Farbengeschäften erhältlich is
oder Säuren, können Sie dem Schließblech ei
besonders antikes Aussehen verleihen.

Glas schneiden und brechen

Die einfachste Arbeitsunterlage zum Glasschneiden ist ein Stapel aus mehreren Lagen Zeitungspapier. Für das Schneiden darf die Arbeitsfläche nicht zu hart sein, da etwaige kleine Splitter durch ihre Hebelwirkung die Glasplatte schon bei geringer Belastung springen lassen würden.

Teppichfliesen aus Nadelfilz auf einer Schneidelade (Sperrholzplatte mit zwei Anlegekanten) dienen als »professionelle« Arbeitsfläche.

1.–2. Verwenden Sie bei geraden Schnitten ein Lineal! Wenn Sie kein Glaserlineal zur Verfügung haben, das gegen Rutschen mit Gummi unterlegt ist, genügt aber auch ein Stück Hartfaserplatte.

Da das Metallrädchen des einfachen, sechsrädigen Glasschneiders 2 mm von der Anlegekante nach innen versetzt ist, müssen Sie diesen Abstand zwischen dem Rand des Lineals und der geplanten Schnittstelle unbedingt mit einberechnen.

3. Beim Schneiden halten Sie mit einer Hand das Lineal fest und ziehen mit der anderen den Glasschneider in einem Zug entlang des Lineals über die Glasoberfläche.

Sie können den Glasschneider entweder zwischen Zeige- und Mittelfinger oder in der Art eines Schreibstiftes halten. Der Glasschneider muß beim Schneiden möglichst senkrecht zur Glasfläche geführt werden.

Der Anfänger neigt dazu, den Schnitt mit zu großem Druck auszuführen. Die »Fissur«, so nennt man den Anriß, den das Metallrädchen

1

2

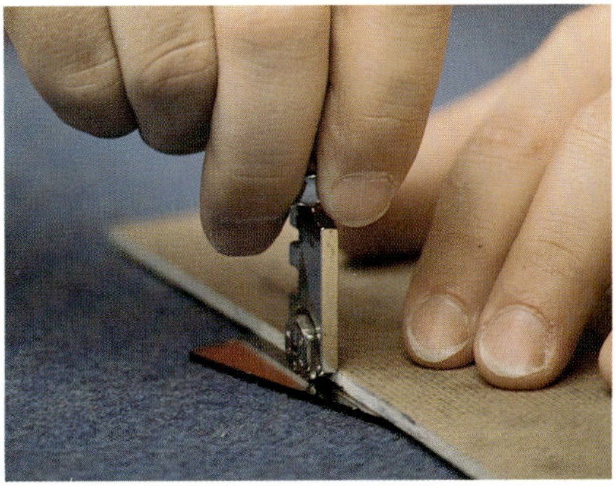

3

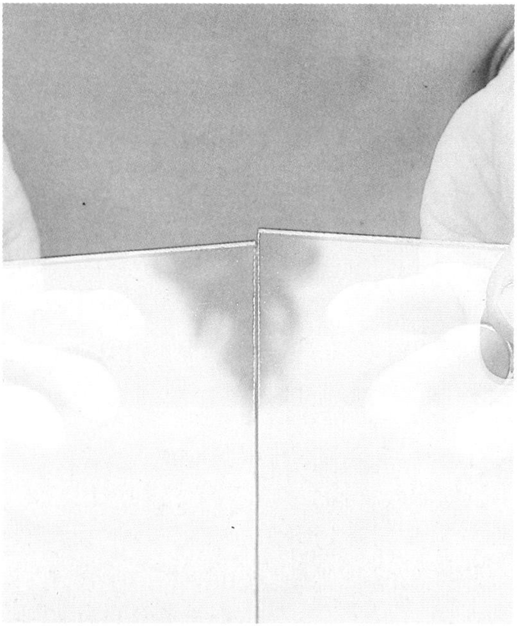

4

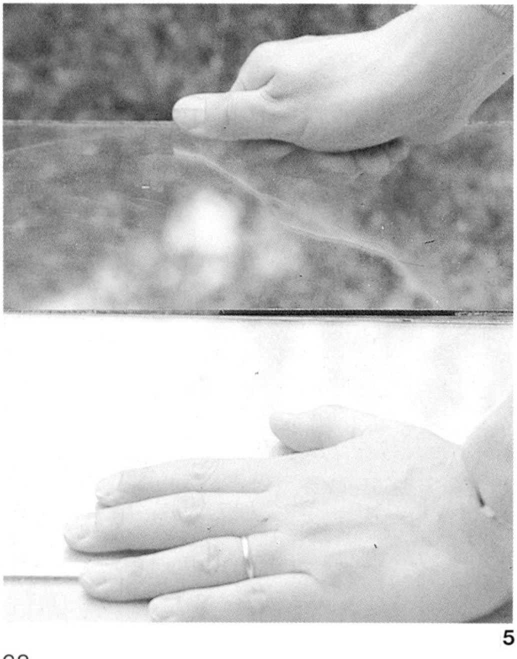

5

des Schneiders auf dem Glas hinterläßt, sollt
nicht weiß werden, sondern als feiner Haarri
erscheinen. Achten Sie also auf einen leichten
gleichmäßigen Andruck und einen zügige
Schnitt.

Schneiden Sie jedoch niemals eine Fissur nach
Durch die feinen Splitter in der Rille würd
das Schneiderädchen sofort stumpf werden.

Führen Sie Ihren Schnitt auch nicht über de
Rand des Glases weg. Die scharfe Kante würd
den Glasschneider ebenfalls beschädigen
Auch schlägt der Kopf des Glasschneiders au
das Glas, wenn Sie mit Druck über den Ran
hinwegschneiden. Dadurch kann das Gla
springen.

4. Um ein Glasstück von der Platte zu trennen
genügt bei einem 3 mm Glas meist ein leiche
Druck. Nehmen Sie dazu das Glas in beid
Hände und brechen Sie das Stück mit einen
kurzen Ruck nach unten ab. Bevor jedoch di
Scheibe an der angeritzten Stelle über ein
geeignete Kante gebrochen werden kann, sol
ten Sie mit dem Glasschneider auf der Gegen
seite vorsichtig gegen die Schnittlinie schlagen.
Achtung: Beim Brechen können feine Splitte
abspringen! Schützen Sie Ihre Augen mit eine
Brille, oder neigen Sie die Spiegeloberfläch
vom Körper weg nach vorne!

5. Sollte sich das Glas auf diese Weise nich
brechen lassen, dann legen Sie es so über di
Kante Ihrer Arbeitsplatte, daß das abzubrechen
de Stück übersteht. Nun drücken Sie das über
stehende Dreieck mit dem Daumen oder Hand
ballen nach unten ab.

Beim Schneiden von Spiegeln müssen Si
beachten, daß die Spiegeltafel mit der Rückse
te nach unten auf der Arbeitsunterlage liegt, d
der Schnitt immer auf der Spiegeloberfläche er
folgt. Die rückseitige Beschichtung des Spie
gels ist sehr kratzempfindlich, sorgen Sie als
für eine geeignete Unterlage.

6. Zum Brechen langer, gerader Schnittlinien legen Sie den Griff Ihres Glasschneiders am Ende der Fissur unter. Wenn Sie nun mit beiden Händen leicht auf die Kanten links und rechts des untergelegten Glasschneiders drücken, können Sie mit den Augen verfolgen, wie der Sprung sich bis zum Ende der Schnittlinie fortsetzt. Vergessen Sie nicht, eine Brille aufzusetzen, wenn Sie Glas brechen!

7. Schmale lange Streifen mit geraden Schnitten können Sie sehr leicht mit der Glasbrechzange brechen. Das Prinzip ist das gleiche, wie wenn Sie die Scheibe über den Glasschneider brechen, nur daß hier eine Seite zu schmal ist, um sie mit der Hand zu brechen. Die Mittelmarke der Brechzange muß dabei genau durch die Fissur laufen.

8. Für schwierigere Objekte fertigen Sie sich mit Schere und Karton Schablonen an, die mit einem Fettstift oder einem wasserlöslichen Filzstift (Folienschreiber) auf das Glas übertragen werden. Die geschnittenen Glasscheiben können auf verschiedene Art eingeglast werden. Die aufwendigste Methode Glas zu fassen, ist die Bleiverglasung. Dies erfordert Spezialkenntnisse und Spezialwerkzeug. Deshalb wird hier nicht näher darauf eingegangen. Am weitesten verbreitet ist das Einglasen mit Kitt oder Holzleisten. Oft findet man auch eine Kombination aus beiden Methoden vor, d. h. auf das Kittbett wird noch eine Leiste gedrückt und mit kleinen Nägeln oder Schrauben am Holz befestigt.

Eine neue, heute vielfach verwendete Methode ist das Einkleben der Glasscheibe in ein Silikonbett. Da das Silikonbett transparent ist, ist die Klebestelle bei sorgfältiger Verarbeitung nahezu unsichtbar.

Für welche Methode Sie sich schließlich entscheiden, hängt in jedem Fall von Art und Weise der Restaurierung und des zu restaurierenden Stückes ab.

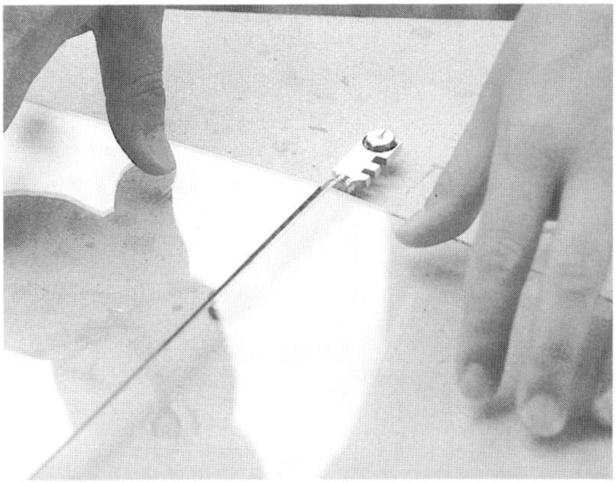

6

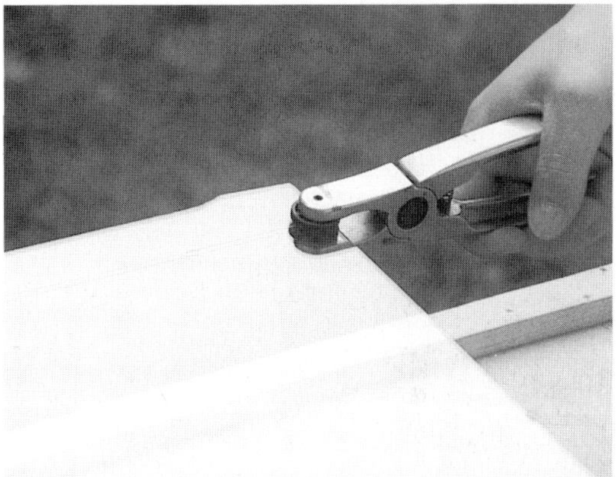

7

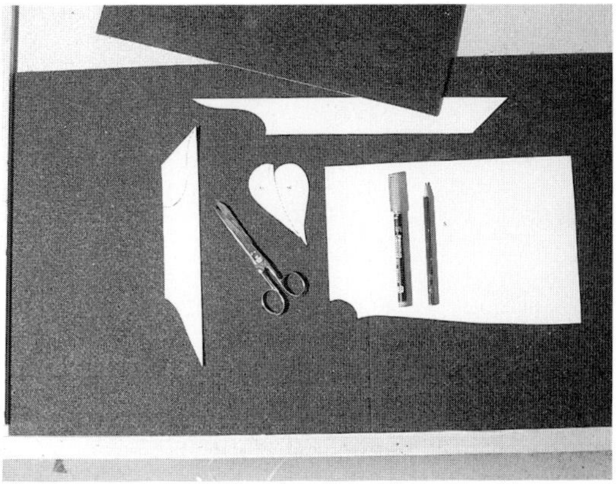

8

1

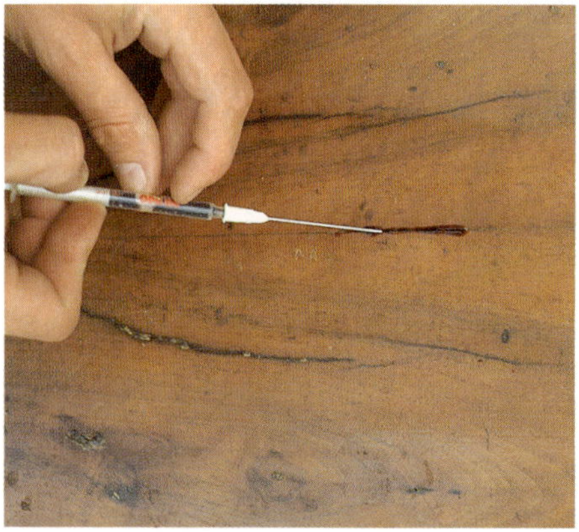

2

3

Beschädigtes Furnier einer Barockkommode verleimen und kitten

Material

Glutinleim, Sperrholz, Retuschefarben, Schellack, Polimentkitt, Schleifpapier Körnung 360–1200, Zulagen, Plexiglas oder Spanplatte weiß beschichtet.

Werkzeug

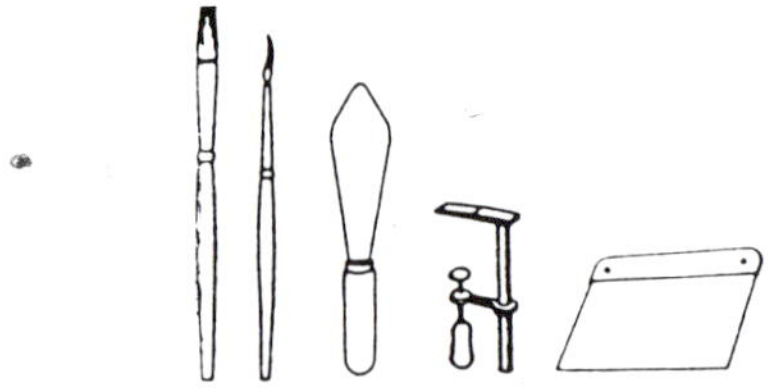

Schwierigkeitsgrad

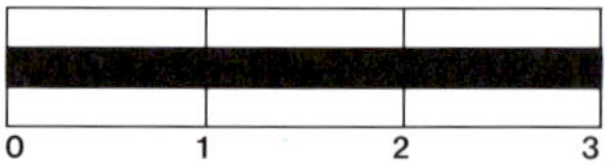

Kraftaufwand

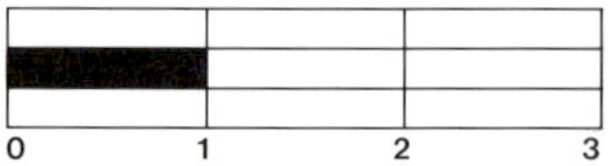

Arbeitszeit

Die Arbeitszeit beträgt 3 Tage.

Ersparnis

Wenn Sie diese Spezialarbeit selbst ausführen, sparen Sie bis zu 1000 DM.

Oft finden sich auf alten Speichern über lange Jahre hin vernachlässigte alte Möbel. Unsachgemäße Transporte und Lagerschäden haben sie verdorben. Es kostet Sie sehr viel Mühe und Zeit, solche Möbelstücke wieder auf Hochglanz zu bringen, aber das Schmuckstück in Ihrer Wohnung wird immer die Bewunderung Ihrer Besucher erfahren – und den Zeit- und Arbeitsaufwand lohnen.

Arbeitsanleitung

1. Auf der Kommode erkennen Sie deutlich Transportschäden in Form von Rissen am Übergang der seitlichen Profilleisten zum Deckfurnier. Ferner wurde ein schwerer Gegenstand, an dessen Unterseite mit Alleskleber Filz frisch aufgeklebt war, auf das Deckblatt gestellt; die Dämpfe des Uhu-Lösungsmittels lösten die Politur an und es kam zu einer Vergrauung mit aufgeklebten Filzfasern.

2. Leimen Sie zuerst die entstandenen Risse mit heißem dünnflüssigem Glutinleim mittels einer Spritze und einer Kanüle mit 0,4 mm.

3. Zuvor sollten Sie sich überzeugen, daß im Rißbereich kein Versatz entstanden ist, weil die Politur bzw. das darunterliegende Furnier auf keinen Fall stark geschliffen werden darf. Falls ein Versatz entstanden ist, d. h. das darunterliegende Blindholz hat sich geworfen, müssen von der Innenseite Sperrholzleisten gegengeschraubt werden, um das Blindholz wieder in die richtige Lage zu bringen.

4. Leimen Sie mit viel Überschuß, d. h., der Leim muß sowohl nach innen als auch nach außen auf das Deckblatt quellen; der Rest sollte dann sofort mit einem in heißem Wasser getränkten Lappen abgewischt werden.

5. Eventuell hochstehende Furnierteile werden mit Plexiglas oder Spanplattenzulagen mit Hilfe von Schraubzwingen niedergeleimt.

6.–7. Im Riß kann auf den noch feuchten Leim direkt gekittet werden.

4

5

6

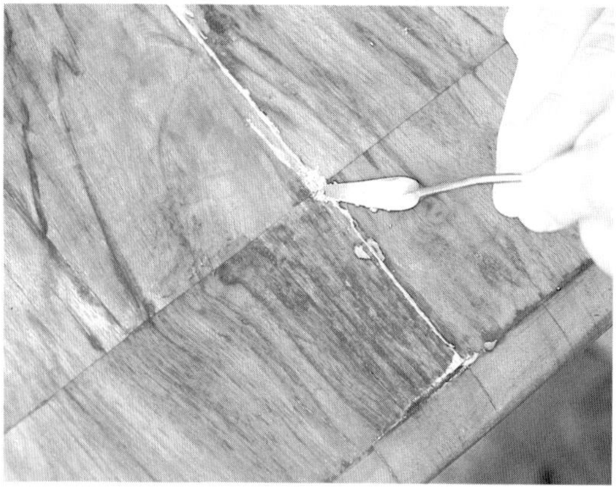
7

8

9

Den Kittvorgang müssen Sie eventuell mehrmals wiederholen, da der Kitt nach der Trocknung nachfällt. Zum Auskitten kleiner Stellen können Sie Wachs verwenden, das es entweder bereits fertig in verschiedenen Farbtönen zu kaufen gibt, das Sie sich aber auch leicht selbst herstellen können, wenn Sie besondere Farbtöne erzielen wollen.

In einem kleinen Gefäß oder Löffel erhitzen Sie Bienenwachs, das Sie mit den Farbpigmenten in dem gewünschten Farbton mischen, bis es einen dickflüssigen Brei ergibt. Je länger das Bienenwachs kocht, um so härter wird es. Dadurch ist es zwar schwerer zu verarbeiten, jedoch auch widerstandsfähiger.

Beim Erkalten müssen Sie das Wachs häufig umrühren, da sich die Pigmente sonst setzen. Gießen Sie das Wachs in eine kleine Papierecke, wie hier z. B. in ein altes Stück Schleifpapier. Je nach Riß können Sie das Wachs warm oder kalt mit einer kleinen Holzspachtel auftragen. Überschüssiges Wachs entfernen Sie ebenfalls mit der Holzspachtel und Schlieren mit einem um den Finger gewickelten Lappen. Es ist ratsam, Wachskitt im Gegensatz zu Nitrokitt nach dem Polieren erst als letzten Arbeitsgang anzuwenden.

8. Legen Sie nach Abschluß der Kittarbeiten auf den zu hellen Nitrokitt eine Grundretusche mit den für Schellackpolituren geeigneten Retuschefarben an. (Sowohl Kitt, wie Retuschefarben sind im Fachhandel erhältlich.)

9. Das Überpolieren der einzelnen Fehlstellen erfolgt, wie im Grundkurs beschrieben, mit Schellackmattierung oder Leinölpolitur. Zwischen den einzelnen Politurschichten sollten Sie, wenn nötig, Retuschen anlegen. Zum Schluß wird das gesamte Möbelstück »gewienert«, d. h. mit einem sehr weichen Baumwollballen trocken oder unter Zugabe einer Spur Politur auf Hochglanz poliert.

»Worpsweder« Jugendstilbank neu leimen und ergänzen

Material

Weißleim, Glutinleim, Plakafarbe, Buchenholz, Zulagen (am besten weiß beschichtete Spanplattenabfälle, in jeder Schreinerei erhältlich), Fichtenholz, Schleifpapier Körnung 80–180, Furnier.

Werkzeug

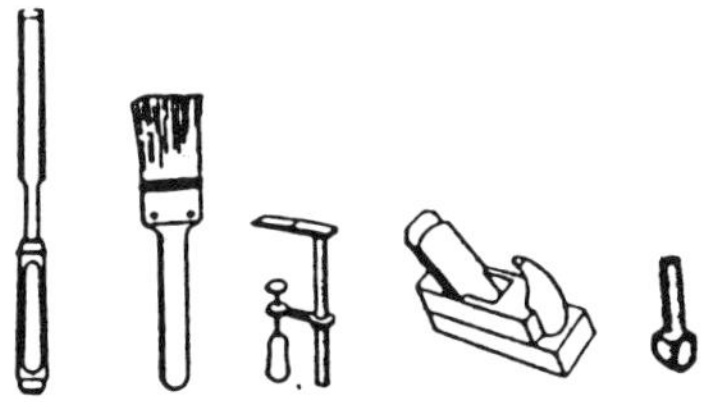

Schwierigkeitsgrad

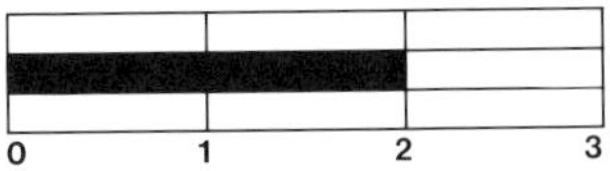

Kraftaufwand

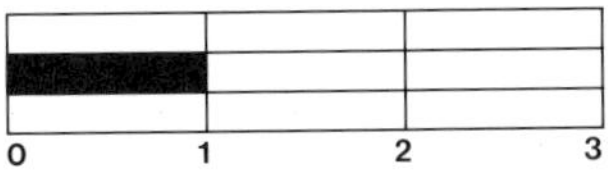

Arbeitszeit

Sie benötigen ca. 10 Stunden.

Ersparnis

Beim Verleimen sparen Sie 300 DM.

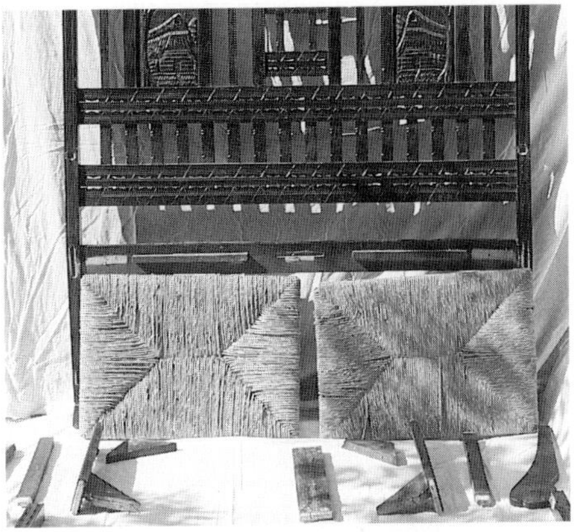

1

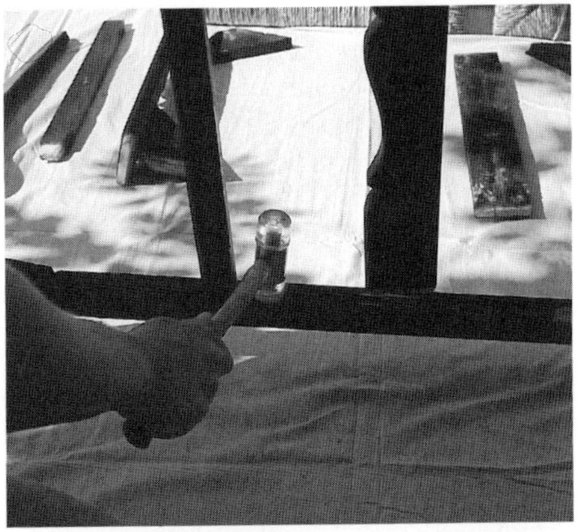

2

3

4

5

Auf den heute weit verbreiteten Trödelmärkten, in alten Kellern oder bei Wohnungsauflösungen finden Sie häufig schöne alte Möbel, deren Glanz doch etwas im Laufe der Jahre verblaßt ist. Unsachgemäße Behandlung und sorglose Lagerung haben Verleimungen lose werden lassen, das Binsengeflecht ging kaputt.

Fachkundige Hilfe, besonders auch in Stilfragen, erhalten Sie beim professionellen Restaurator.

Wenn Sie aber etwas Geschicklichkeit mitbringen und auch geduldig und ausdauernd sind, können Sie viele Arbeiten selbst ausführen. Das spart nicht nur erhebliche Kosten, sondern bringt Ihnen auch Vergnügen und den Lohn eines neuen »Juwels« in Ihrem Heim.

Als Beispiel dient Ihnen eine Sitzbank, wie sie in vielfachen Variationen vorkommen kann. Der Aufbau ist zeitlos und findet sich auch bei Stühlen. Die Konstruktion und Statik des Sitzmöbels ist gut durchdacht.

Arbeitsanleitung

1. Wenn Sie die Schäden betrachten, werden Sie feststellen, daß sie sowohl typisch, wie auch in der heutigen Zeit vorprogrammiert sind.

Durch tägliche Nutzung als Gebrauchsmöbel, aber auch durch die Zentralheizungen und der daraus resultierenden zu trockenen Luft, die den alten Glutinleim austrocknet, lockerten sich sämtliche Schlitz- und Zapfenverbindungen der Bank; die Bank fiel deshalb auseinander und muß neu verleimt werden.

Ebenfalls durch falsches Raumklima trocknete das Binsengeflecht der Sitzflächen aus, wurde brüchig, durch Bretter ersetzt, und ein Sitz ging schließlich ganz verloren. Außerdem können Sie am linken Vorderfuß, unterhalb der Armlehne im Bereich der Nagelung, die wahrscheinlich später erfolgte, eine Absplitterung erkennen. Dies ist ebenfalls eine Folge der Leimversprödung und der darauffolgenden Lockerung der Armlehne.

2. Lösen Sie zuerst mit vorsichtigen Schlägen sämtliche lockeren Schlitz- und Zapfenverbindungen, die Sie anschließend mit dem Stemmeisen gründlich vom alten Leim befreien.

Markieren Sie vor dem endgültigen Zerlegen die Lage der einzelnen Teile. Vor dem Wiederverleimen müssen Sie eine sogenannte »Kaltverleimung« vornehmen, d.h., die einzelnen Stücke müssen in ihrer Verbindung auf den richtigen »Sitz« überprüft werden. Dabei sollte der Zapfen »streng« gehen. Sie müssen also bei zu lockerem »Sitz« den Zapfen mit einem Stück des bereitgelegten Furniers verbreitern.

Wenn Sie alle Stücke durchprobiert haben, die Zulagen und Zwingen bereitgelegt, der Leim mitteldickflüssig und heiß ist, können Sie mit der Verleimarbeit beginnen.

Dabei ist es wichtig, sich ein genaues Konzept aufzustellen. Es ist unmöglich, selbst zu zweit, dieses Bankgestell auf einmal mit Warmleim zu verleimen, da der Leim außerhalb des Glases innerhalb von 30 Sekunden geliert und dann selbst unter großem Zwingendruck einen Großteil seiner Bindekraft verliert.

3.–4. Leimen Sie also in diesem Fall zuerst das Vorderstück mit seinen beiden Füßen und den zwei langen Querstreben zusammen.

6

7

8

9

5.–6. Anschließend verleimen Sie das Vorderstück mit dem Hinterstück durch die vier kurzen seitlichen Streben bzw. Zargen, die mittlere Sitzauflage und beiden Armlehnen.

Der überschüssige Leim sollte möglichst umgehend mit einem heißen Lappen, den Sie sinnvollerweise gleich mit in das Wasserbad zum Leimtopf gegeben haben, abgewischt und das Gestell und die beiden Armlehnen mit einem Küchentuch trockengerieben werden.

7. Jetzt leimen Sie die vier Dreiecke, die sowohl als Auflagen für die Binsengeflechtsitze als auch als Verstärkung des Bankgestells dienen, mit Glutinleim sorgfältig ein.

8.–9. Das abgesprengte fehlende Stück unterhalb der linken Armlehne setzen Sie in Buchenholz ein. Es wird nach dem Abtrocknen des Weißleims (ca. 1 - 2 Stunden) mit Stemmeisen, Hobel und Schleifpapier der Körnung 80–180 in Form gebracht.

10.–11. Das unbehandelte, eingesetzte Stück tönen Sie mit schwarzer Plakafarbe ein und löschen es nach dem Trocknen mit farblosem Wachs ab.

Die stark abgewetzten Kanten, ausgenommen der durch Benutzung abgegriffenen Stellen, retuschieren Sie ebenfalls mit schwarzer Plakafarbe und farblosem Möbelwachs. Es dürfen auf keinen Fall alle Stellen ausgebessert werden, um den antiken Charakter der Worpsweder Jugendstilbank zu bewahren.

Als Abschlußarbeit wird die gesamte Bank mit einem wachsgetränkten Lappen abgerieben und entweder mit der Lederbesatzbürste oder mit einem groben Leinenlappen auf Glanz gebracht.

10

11

1

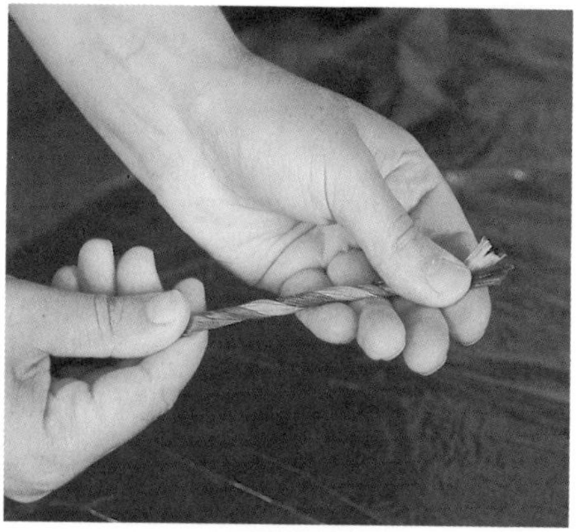
2

3

Binsengeflecht für eine »Worpsweder« Bank

Material
Etwa 2–3 kg Binsen (für einen Sitz normaler Größe).

Werkzeug

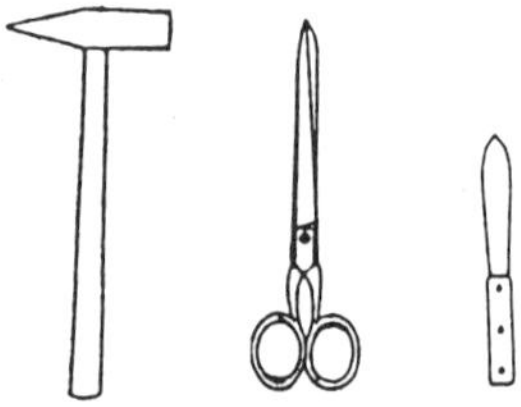

Schwierigkeitsgrad

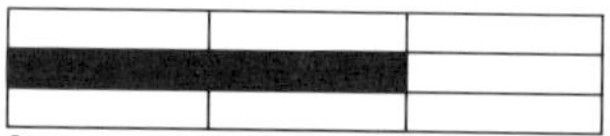

Kraftaufwand

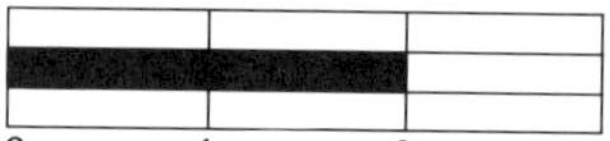

Arbeitszeit
Für die Flechtarbeit benötigen Sie ca. 8 Stunden.

Ersparnis
Durch Ihre Eigenleistung können Sie bis zu 1000 DM sparen.

Für einen Sitz normaler Größe brauchen Sie etwa zwei bis drei Kilo Binsen, die Sie im Fachhandel (z. B. Bastelläden) kaufen können. Schneiden Sie das alte Geflecht vom Rahmen ab, säubern Sie das Holz und untersuchen es genau nach Rissen oder Brüchen, die gut verleimt werden müssen.

Arbeitsanleitung

1. Bei diesem Holzrahmen müssen Sie zuerst das Holz mit dem Binsenstrang bedecken, bevor das eigentliche Flechten beginnen kann. Dazu werden auf der Unterseite an jeder Ecke zwei Nägel eingeschlagen, die verhindern sollen, daß das Geflochtene abrutscht.

2. Drücken Sie das Wasser in Richtung der Schnittstellen aus den Halmen und drehen Sie in der Hand zwei oder drei Halme zu einem Strang zusammen.

3.–5. Legen Sie das Strangende auf die linke Rahmenleiste und führen Sie den Strang nach vorne über die vordere Leiste nach unten, legen ihn um den Nagel und führen ihn nach oben, legen ihn über das Strangende und weiter nach rechts auf der Vorderleiste entlang.

6.–7. Führen Sie den Strang nun über die rechte Leiste nach unten, legen ihn um den Nagel und führen ihn nach vorne über den Längsfaden bis zur rechten Ecke hinten.

8. Der Binsenstrang wird immer wieder mit neuen Halmen »aufgefrischt«, d. h. beim Flechten drehen Sie neue Halme in den alten Strang mit ein. Dabei müssen Sie darauf achten, daß der Strang gleich dick bleibt. Die dickeren Halmenden rechtzeitig abschneiden.

9. Führen Sie den Strang über die hintere Leiste nach unten, legen ihn um den Nagel und weiter zur linken Ecke. Dort wieder um den Nagel legen und zur vorderen Ecke führen.

10. Legen Sie den Strang dicht neben den ersten und führen das gleiche Schema weiter bis der Rahmen bedeckt ist.

4

5

6

7

10

8

11

9

12

13

14

15

16

11. Jetzt beginnt das eigentliche Flechten: Vorne links beginnend, führen Sie den Binsenstrang über die vordere Leiste und unter der linken Leiste nach oben. Legen Sie den Strang über die Leiste nach rechts unter der rechten Leiste herum, über die Leiste und unter und über die vordere Leiste zur hinteren Leiste. Unter und über diese, unter und über die rechte Leiste zur linken Seite. Unter und über die linke Leiste, unter und über die hintere Leiste wieder nach vorne und so fort.

12. Das führen Sie fort, bis entweder der Sitz gefüllt ist oder die Seiten geschlossen sind.

13. Müssen Sie das Flechten unterbrechen, klemmen Sie den Strang unter einem alten Faden fest.

14. Die Nägel schlagen Sie um. Während des Flechtens bilden sich Hohlräume, die Sie für eine größere Haltbarkeit des Sitzes mit Binsenresten ausstopfen.

15. Sind die Seiten geschlossen, umflechten Sie nur noch die vorderen und hinteren Leisten, bis diese gefüllt sind.

16. Den fertigen Sitz versäubern Sie; der Binsenstrang wird ein paarmal um einen alten Faden geschlungen und in das Geflecht gedrückt.

Eine Herausforderung für den Restaurator

Ein bäuerlicher Biedermeierstuhl – wie neu

Material
Weißleim, Glutinleim, massives Kirschholz, Wasserbeizen (Kirschbaum und Nußbaum), Salatöl, Schellackmattierung, Schleifpapier, Nitrokitt beizbar, Zulagen aus weißen Spanplatten.

Werkzeug

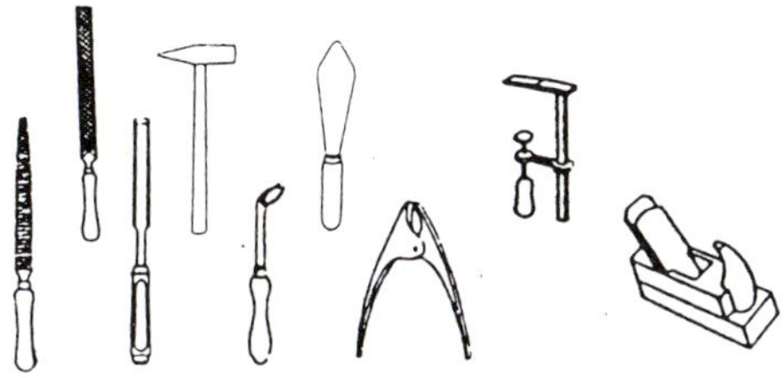

Schwierigkeitsgrad

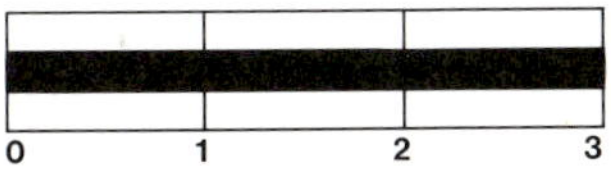

Kraftaufwand

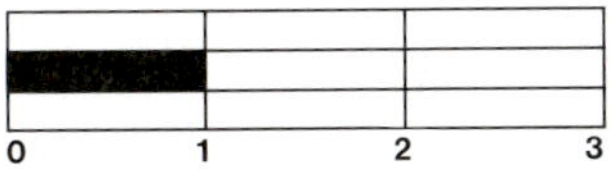

Arbeitszeit
Für das Verleimen und Polieren benötigen Sie ca. 2 Tage.

Ersparnis
Sie sparen 500 DM.

1

2

3

4

5

6

Viele Stühle haben, trotz des schlechten Zustands, in dem sie sich befinden, für den einzelnen oft noch einen hohen Liebhaberwert: sei es, weil der Stuhl als Einzelstück sehr dekorativ zur Wohnungseinrichtung paßt, sei es, daß er zu einer Gruppe gehört, oder aber, daß er mit Erinnerungen verbunden ist.

Der Erfolg Ihrer Arbeit wird es Ihnen lohnen, wenn Sie den Arbeits- und Zeitaufwand nicht scheuen und sich selbst ans Werk machen, einen alten Stuhl zu restaurieren.

Hier wurde als Arbeitsbeispiel ein bereits abgebeizter Kirschbaumstuhl ausgewählt.

Folgende Schäden sind zu beheben: ein glatter Bruch des rechten Vorderfußes; sämtliche Füße sind unten verwurmt und abgesplittert. Der Sitzrahmen ist mehrfach gebrochen, eine Zargen-Lehnenwangen-Verbindung ist locker, an einer Lehnenwange fehlt das Endstück. Dieses Stück ist eine echte Herausforderung an Ihre handwerklichen Fähigkeiten.

Arbeitsanleitung

1. Sie beginnen mit der Verleimung des lockeren Stuhlgestells, dafür muß zuerst der Sitzrahmen entfernt werden.

Der ursprünglich nur geleimte Sitzrahmen wurde offensichtlich später mehrfach genagelt.

Mit einer Zulage und gezielten kräftigen Hammerschlägen lockern Sie den Sitzrahmen so weit, bis mit dem Nagelheber die Nägelköpfe erfaßt werden können. Ziehen Sie diese dann heraus. Achten Sie darauf, daß Sie das Holz nicht mit dem Werkzeug beschädigen.

2. Nach der Entfernung der Nägel können Sie den Sitzrahmen abnehmen und die Brüche, die vorher an den Bruchkanten mit dem Stemmeisen oder dem Schustermesser gereinigt wurden, mit Weißleim verleimen.

3. Beim Verleimen müssen Sie auf jeden Fall Zulagen verwenden, um Druckstellen zu vermeiden.

4. Anschließend verleimen Sie die wackelige Zargen-Lehnenwangenverbindung; dabei werden ebenfalls mit Hammer und Zulage die eingeleimten, aber durch den alten ausgetrockneten Glutinleim lockeren Eckklötze entfernt und die Zapfenverbindung so weit auseinandergespreizt, daß der alte ausgetrocknete Glutinleim entfernt werden kann.

5.–6. Für die Verleimung der Zapfenverbindung verwenden Sie dickflüssigen Leim. Dabei muß der alte Leim vollständig mit dem Stemmeisen entfernt werden.

Nach dem Abtrocknen der Verbindung (ca. 6 Stunden) wird die Leimfläche für die Verbindung Sitzrahmen/Stuhlgestell gereinigt und der Sitzrahmen ebenfalls mit Glutinleim (mitteldick) unter Zuhilfenahme von Zulagen und Schraubzwingen sorgfältig angeleimt.

7.–8. Jetzt folgt der aufwendigste Teil der Arbeit mit der Ergänzung fehlender bzw. stark beschädigter Stuhlteile in Kirschholz. Am rechten Vorderfuß, am linken Hinterfuß und an der rechten Lehnenwange oben sind jeweils Teile anzusetzen.

Die Schadstellen werden vorher an den Leimkanten im 45°-Winkel zur Maserung angehobelt bzw. geschnitten, um die Leimfläche noch zu vergrößern.

9. Die grob im entsprechenden Maserverlauf zugeschnittenen Kirschholzteile werden mittels Weißleim und Leimklammern angeleimt (Abbindezeit je nach Leimhersteller 1 - 4 Stunden). Am rechten Vorderfuß muß zum Schluß noch ein Dübel von unten eingebohrt werden um die Stabilität zu erhöhen.

10. Anschließend werden die Ergänzungen in der Reihenfolge mit Raspel, Feile und Schleifpapier von 80er Körnung bis ca. 180er Körnung in Form gearbeitet.

11. Der gesamte Stuhl wird nach Abschluß der Leimarbeiten an den noch bestehenden

7

8

9

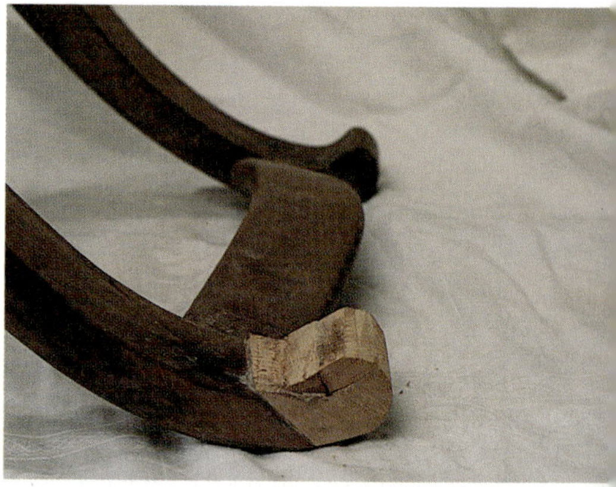

10

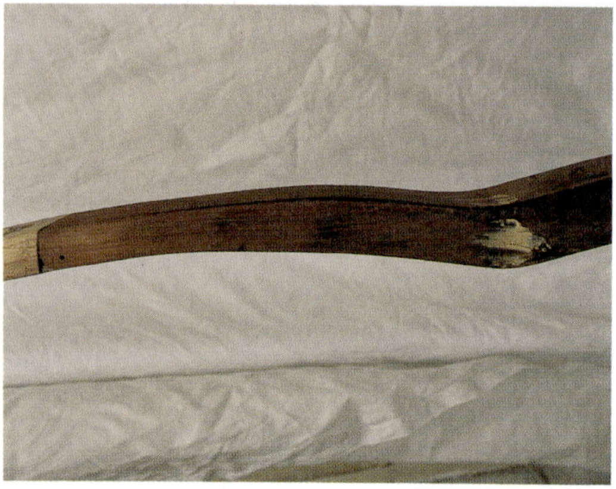

11

12

kleinen Schadstellen mit Nitrokitt gekittet und mit 120er -180er Schleifpapier in Maserrichtung überschliffen; um die Farbe des ausgelaugten Kirschholzes anzufeuern, reiben Sie den Stuhl mit einem in Salatöl getränkten Lappen ab. Auf keinen Fall Olivenöl verwenden!

12. Nach ca. 2 Tagen Trocknungszeit, kann die Stuhlsitzfläche geflochten werden. Das neue Geflecht muß mit Wasserbeize entsprechend eingetönt werden, um den alten Charakter wiederherzustellen.

Schließlich werden die angesetzten neuen Holzteile und die Kittstellen mit farblich entsprechend gemischter Wasserbeize diesem Grundton angeglichen. Zur abschließenden Oberflächenveredelung nimmt man am besten fertig angesetzte Schellackmattierung (im Handel erhältlich), die mit einem Ballen (am besten eignet sich dazu ein mit Putzwolle ausgestopfter Leinenlappen) bis zum gewünschten Glanzgrad aufgetragen wird.

Als Ergebnis Ihrer eigenen Heimwerkerarbeit haben Sie nun einen wunderschönen, nahezu unverfälschten und vor allem, das ist an dieser Sache das Wichtigste, zu gebrauchenden Biedermeierstuhl.

Die gelungene Arbeit des Flechters

1

2

Das Geflecht eines Biedermeierstuhls erneuern

Material

Stuhlrohrgeflecht, ca. 100 g, Holzleim, Haltekeile, Holzstifte.

Werkzeug

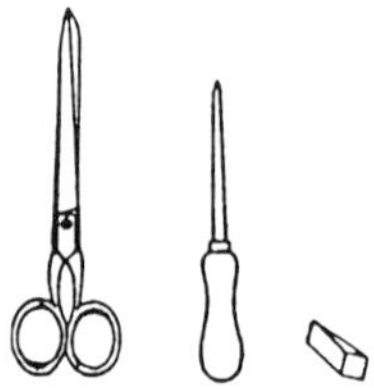

Schwierigkeitsgrad

Kraftaufwand

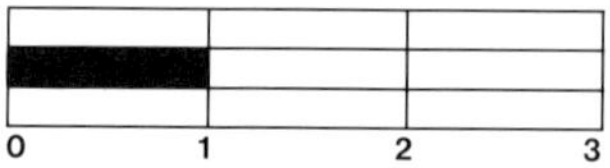

Arbeitszeit

Sie benötigen ca. 8–10 Stunden.

Ersparnis

Je nach Größe können Sie zwischen 40 DM und 80 DM sparen.

Vorbereitung: Die Flechtlöcher sind frei, alle Bruchstellen sind verleimt und Sie haben das richtige Material.

Arbeitsanleitung

1. Bei dem Sitzrahmen werden zuerst die vorderen und hinteren Mittellöcher ausgezählt. Ist der Rahmen rechteckig und die Anzahl der Löcher gerade, nehmen Sie eines der beiden Mittellöcher.

2. Das Fadenende wird von oben nach unten in das vordere Mittelloch gestreckt, so daß es ca. 10 cm nach unten heraushängt. Der Faden wird mit einem Haltekeil festgeklemmt; dazu wird der Haltekeil von oben in das Loch gestreckt. Mit der Fadenspitze gehen Sie in das gegenüberliegende Mittelloch, ziehen den Faden nach unten durch und klemmen ihn mit einem weiteren Keil fest. Die Fadenspannung sollte mäßig sein, d. h. weder straff noch hängend. Wenn man am Anfang zu straff flechtet, erschwert man sich später die Arbeit.

Jetzt wird die Fadenspitze von unten durch das rechts danebenliegende Flechtloch gezogen. Der Faden darf sich nicht verdrehen und sollte auf der Rahmenunterseite straff anliegen. Sie nehmen den Haltekeil aus dem danebenliegenden (zweiten) Loch und fixieren den Faden in dem neuen Loch. Dieser Keil »wandert« beim weiteren Flechten mit der Fadenspitze, damit sich das entstandene Flechtwerk nicht wieder lockern kann.

Die Fadenspitze wird parallel zum schon geflochtenen Faden in das gegenüberliegende Loch geführt, durchgezogen, festgeklemmt und so weiter bis die Seite gefüllt ist.

3. Bei runden Sitzen achten Sie besonders darauf, daß der Fadenabstand gleich bleibt und die Fäden parallel liegen. Das Erreichen Sie durch Auslassen von Löchern.

4. Wenn der Faden zu Ende geht oder bricht, wird an dem vorhergehenden Loch an der Unterseite ein neuer Faden angeknotet. Dazu wird das Ende des neuen Fadens von oben durch das nächste, danebenliegende Loch gesteckt und mit einem einfachen Knoten um die Spitze des alten Fadens geschlungen. Nehmen Sie die beiden Knotenenden in eine Hand und ziehen Sie mit der anderen Hand den neuen Faden nach oben und so

3

4

5

6

den Knoten fest. Bei den nächsten Flechtgängen legen Sie die Knotenenden unter den laufenden Faden, damit diese fixiert werden und »verschwinden«.

5. Die linke Seite flechten Sie symmetrisch zur rechten Seite. Dazu knoten Sie einen neuen Faden an das Ende des Anfangsfadens.

Wenn sich die Fadenspitze beim Flechten spaltet oder abbricht, schneiden Sie mit der Schere das zerfaserte Stück ab.

6. Der zweite Flechtgang besteht aus einer Lage querlaufender Fäden, die mit gleicher Spannung einfach **über** die erste Lage gelegt werden. Die Fäden sollen im rechten Winkel zueinander stehen.

Sie brauchen nicht wieder in der Mitte anzufangen, sondern können mit dem bereits benutzten Faden einfach weiterflechten.

7. In die gleichen Löcher wie beim ersten Gang werden jetzt die Fäden für den dritten Flechtgang geführt. Sie liegen locker auf den querlaufenden Fäden und immer auf der gleichen Seite neben den ersten längslaufenden Fäden. Bisher wurden noch keine Fäden verflochten, sondern nur neben- und übereinander gelegt.

8.–10. In die gleichen Löcher wie beim zweiten Gang werden jetzt die Fäden für den vierten Gang geflochten. Hierbei wird der Faden **unter** den ersten längslaufenden und **über** dem zweiten längslaufenden Faden geführt und so fort bis in das gegenüberliegende Loch. Ziehen Sie den Faden straff und führen Sie ihn erst danach in das Loch, wo er wieder verklemmt wird. Achten Sie darauf, daß der vierte Faden immer auf der gleichen Seite vom ebenfalls querlaufenden, zweiten Faden geflochten wird.

11. Der fünfte Flechtgang verläuft diagonal und beginnt in einem der Ecklöcher. Flechten Sie das Flechtrohr diagonal abwechselnd **über** die querlaufenden und **unter** die längslaufenden Fä-

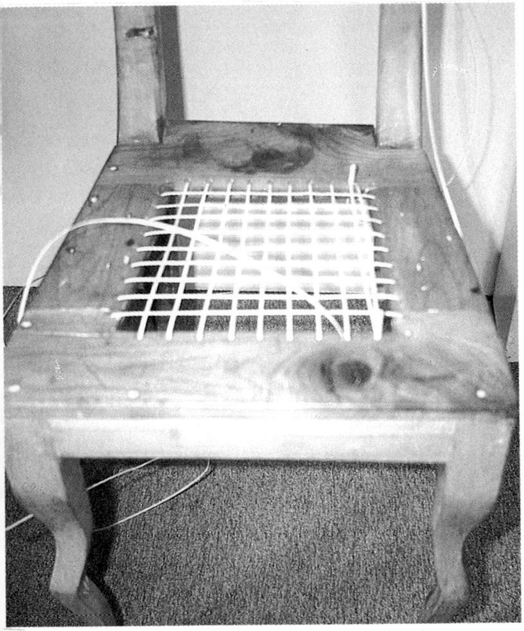

7

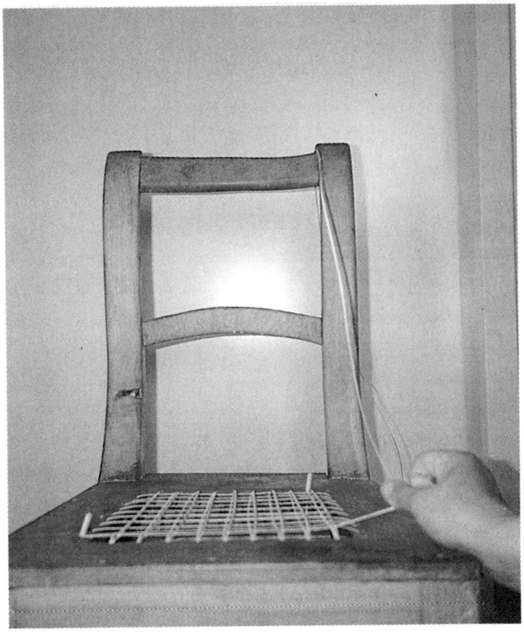

8

Fäden, wie schon bei den Längs- und Querlagen. Dabei schmiegt sich der Faden in das vorhandene Geflecht. Ziehen Sie den Faden nicht erst dann straff, wenn Sie im gegenüberliegenden Loch angekommen sind, sondern schon nach kürzeren Strecken. Damit vermeiden Sie, daß der Faden zu schnell reißt.

12. Der sechste und letzte Flechtgang wird von diagonal entgegengesetzten Fäden gebildet. Dazu flechten Sie den Faden **unter** die querlaufenden und **über** die längslaufenden Fäden. Dadurch bildet sich schließlich das typisch achteckige Muster.

13. Bei runden Sitzen werden die Diagonalen bis zu zweimal in das gleiche Loch geführt, um die fehlenden Ecklöcher auszugleichen. Die beiden Diagonalen kreuzen sich. Dieses Kreuzen muß sich bis auf die Flechtleiste fortsetzen, daran erkennt man, ob Sie die Diagonale im richtigen Loch beendet haben.

Durch das gleiche Loch werden bis zu sechs Fäden gezogen. Um für die letzten Fäden Platz zu schaffen, kann man die schon geflochtenen vorsichtig mit dem Vorstecher etwas zur Seite drücken.

14.–16. Als Abschluß können Sie den Randfaden über die Flechtlöcher legen, der den gesamten Sitzrahmen entlangläuft, und der in jedem zweiten Flechtloch durch einen anderen, weiteren Faden fixiert wird.

Dazu führen Sie einen Faden von unten durch das Loch, legen ihn über den Randfaden und führen ihn in das gleiche Loch wieder zurück, und so weiter bei jedem zweiten Loch. Oder Sie verschließen jedes Loch mit einem Holzstift und Leim. (Der Randfaden ist häufig die etwas elegantere Methode.)

Zum Schluß werden in jedem Fall lose Fäden mit Holzleim und Holzstift fixiert und anschließend abgeschnitten.

9

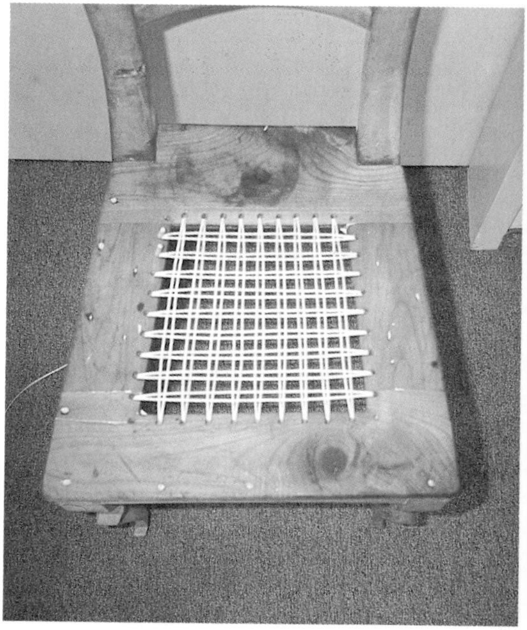

10

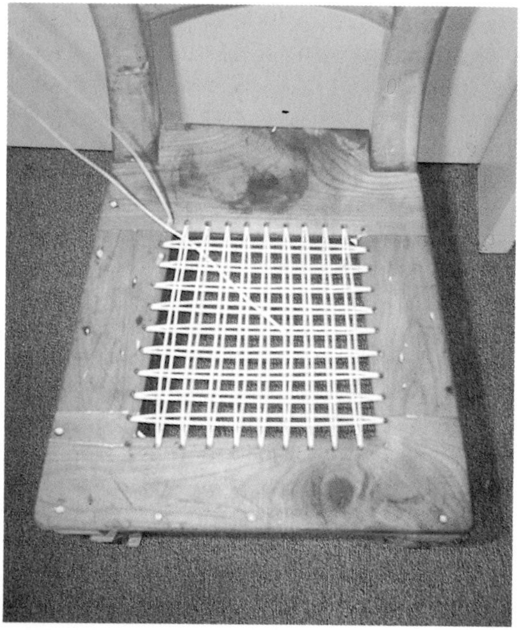

11

12

13

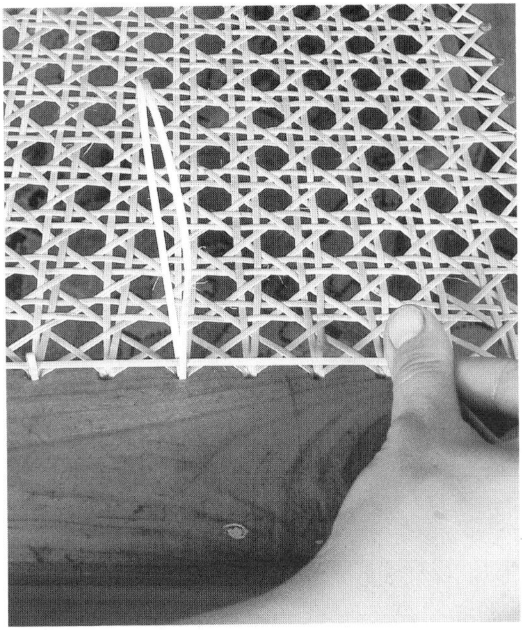

14

15

16

Ein Nachtkästchen aufpolieren

1

2

3

Material

Schüssel, Putzwolle, Spülmittel, Küchentücher, Polierzeug, Spiritus.

Werkzeug

Schwierigkeitsgrad

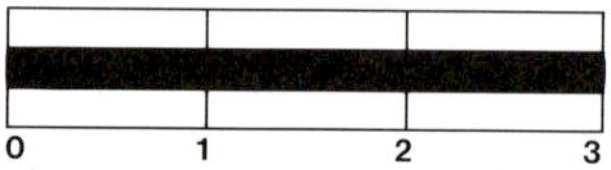

Kraftaufwand

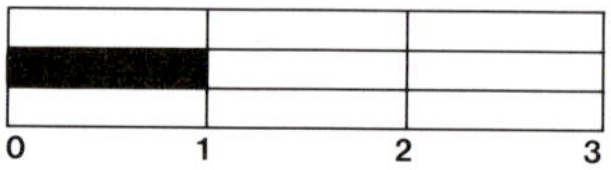

Arbeitszeit

Für das Reinigen und Polieren benötigen Sie ca. 3 Stunden.

Ersparnis

Sie sparen etwa 100 DM.

Arbeitsanleitung

1. Deutlich können Sie auf dem Photo eine stark verschmutzte und vergraute Oberfläche erkennen, vor allem an den Kanten und Ecken der Profilleisten haben sich Schmutzablagerungen gebildet.

Außerdem befinden sich auf der Schubladenvorderseite und dem Rahmen Reste eines Papieraufklebers, die oft schwer zu entfernen sind.

2. Bereiten Sie sich zum Arbeitsbeginn mit lauwarmen Wasser und Spülmittel in einer Schüssel eine konzentrierte Seifenlösung vor. Ziehen Sie die Schublade heraus und stellen Sie sie mit der Vorderseite nach oben, um den Aufkleber zu entfernen. Je nach Oberflächenbeschichtung haben Sie mehrere Möglichkeiten: bei einer versiegelten, geschlossenen Oberfläche weichen Sie die Papierreste mit einem in der Seifenlösung getränkten Ballen aus Küchentüchern an.

Hartnäckig klebende Papierreste können Sie bei einer polierten oder lackierten Oberfläche auch mit Speiseöl (kein Olivenöl) aufweichen. Wirksamer aber ist sicherlich Benzin oder Spiritus, jedoch kann Benzin den Lack anlösen und Spiritus zerstört ganz sicher eine Schellackpolitur.

3. Mit einem Lappen oder Schwamm reiben Sie das ganze Möbelstück feucht ab, dabei sollte der Seifenfilm auf der zu reinigenden Fläche stehenbleiben.

4. Anschließend wird ohne mit Wasser nachzuwaschen der Film und der angelöste Schmutz mit einem Papierküchentuch abgerieben. Der Vorgang muß je nach Verschmutzungsgrad mehrmals wiederholt werden.

5. Nun ist auch der Aufkleber aufgeweicht. Versuchen Sie zuerst mit einem Leinenlappen die Papierreste wegzureiben. Geht das nicht, so versuchen Sie es mit einem Holzstück. Verwenden Sie nichts schärferes, da sonst Beschichtung und Holz beschädigt werden könnten. Anschließend polieren Sie die getrocknete Oberfläche mit einem Ballen nach oder ersetzen, wenn nötig, die fehlende Beschichtung.

6. An den anderen Stellen genügt es, wenn Sie mit einem sehr weichen Baumwollappen trocken oder mit einem Tropfen Politur nachpolieren.

4

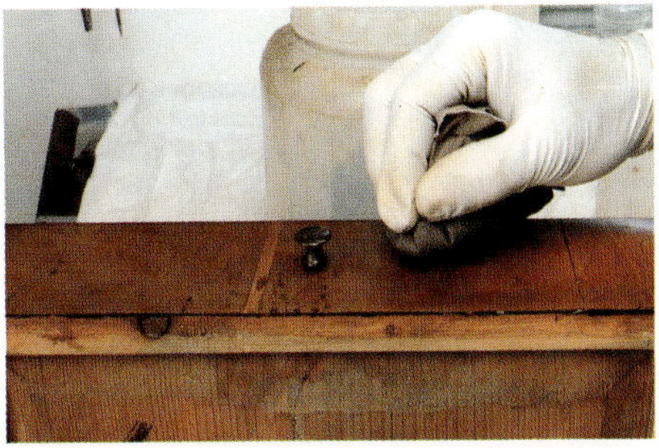

5

6

1

2

Eine Husse anfertigen

Material

Bezugsstoff, Packpapier, Haushaltsband.

Werkzeug

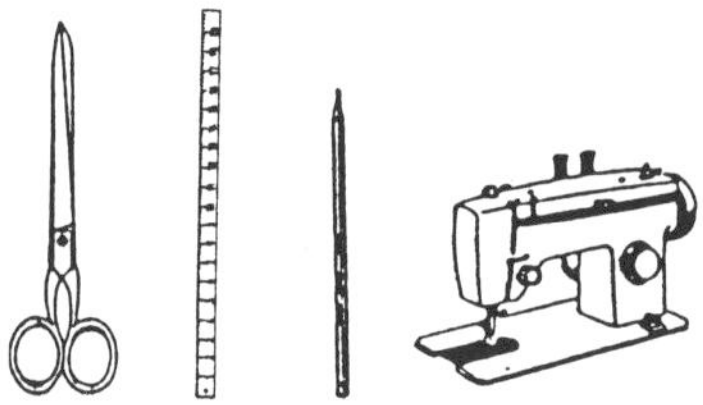

Schwierigkeitsgrad

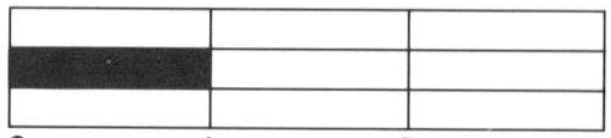

Kraftaufwand

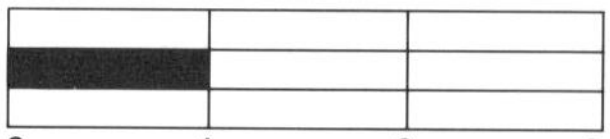

Arbeitszeit

Für diese Arbeit benötigen Sie 1,5 Stunden.

Ersparnis

Sie sparen mindestens 30–40 DM.

Arbeitsanleitung

1. Eine Husse ist ein Schonbezug für ein Sitzmöbel. Man verwendet sie bei alten Möbeln, um einen wertvollen Stoff zu schonen, um einen angegriffenen zu verbergen oder einfach um stets einen sauberen Bezug zu haben, wenn Sie es wünschen.

2. Nehmen Sie Schreibzeug und ein Maßband und vermessen Sie zuerst die Sitzfläche des Stuhls. Bei einem trapezförmigen Stuhl benötigen Sie die vordere Breite, die hintere Breite vor der Rückenlehne und die Breite zwischen den Rückenlehnpfosten. Die Länge des Sitzes wird einmal im Ganzen und einmal von der Vorderkante bis zu den Rückenlehnpfosten gemessen. Außerdem müssen Sie noch die Höhe des Polsters messen. Addieren Sie nun zu allen Maßen 3 cm. Diese brauchen Sie, um die Husse später ringsherum mit einer Nähmaschine säumen zu können. Rechnen Sie jetzt noch die Höhe des Sitzpolsters an jeder Seite hinzu, bis auf die Maße, die auf die Rückenlehnpfosten zulaufen. Diese errechneten Maße übertragen Sie auf ein Stück Packpapier, verbinden die Punkte ringsherum und schneiden die so erhaltene Schablone aus. Diese legen Sie nun auf auf den Stoff, übertragen ihn darauf und schneiden den Stoff für die Husse aus. Zeichnen Sie auf der Vorderkante des Stoffes, von der Mitte ausgehend, die vordere Breite des Sitzes an.

3. Legen Sie nun eine vordere Ecke so diagonal übereinander, daß die Vorderkante des Stoffes über der Seite liegt, wobei sich die Oberseite innen befindet. Die Falte läuft schräg auf die Ecke zu. An der markierten Stelle nähen Sie mit der Nähmaschine rechtwinklig nach oben zur Schräge. 0,5 cm hinter der Naht werden die Ecken abgeschnitten. Säumen Sie den Stoff jetzt, indem sie ihn ringsherum doppelt einlegen, anstecken und annähen.

4. An den inneren Ecken der Rücklehnpfosten muß der Stoff vorher 1,5 cm diagonal eingeschnitten werden. Am Schluß werden an die hinteren Ecken von innen 25 cm lange, farblich passende Haushaltsbänder genäht, mit denen die Husse an der Rückenlehne befestigt werden kann.

3

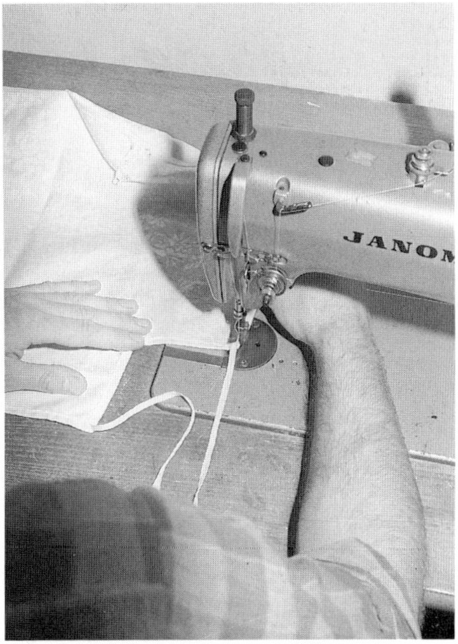

4

1

2

3

Einen Einlegesitz aufpolstern

Material
Gurte, Federleinen, Perlonfasern, Nessel, Polsterwatte, Bezugsstoff, Nägel, Faden.

Werkzeug

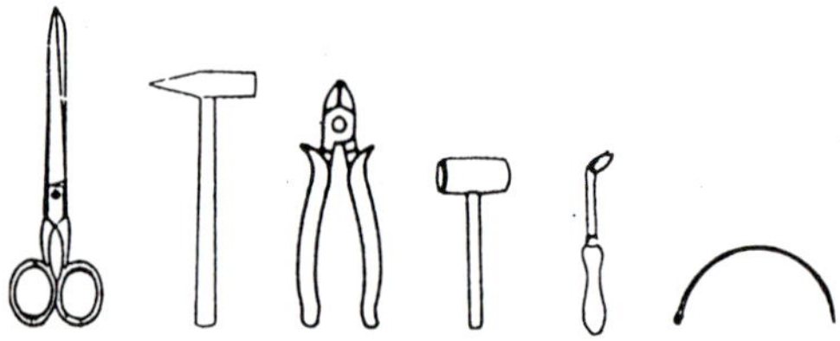

Schwierigkeitsgrad

Kraftaufwand

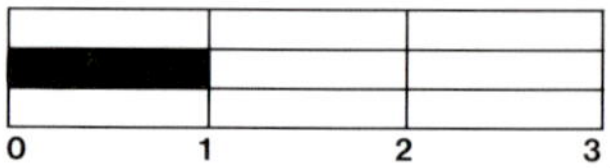

Arbeitszeit
Die Polsterarbeit dauert etwa 1,5–2 Stunden.

Ersparnis
Die Kostenersparnis beträgt 70 DM.

Der Sitz eines Schreibtischstuhls soll neu gepolstert und bezogen werden. Es ist lose in den Jugendstilstuhl eingelegt.

Arbeitsanleitung

1.–2. Achten Sie darauf, daß Sie das Holz mit dem Nagelheber nicht beschädigen. Herausstehende Nagelenden, die sich nicht entfernen lassen, schlagen Sie mit dem Hammer wieder ein. Wenn der Bezugsstoff, das Polster und die Gurtung entfernt sind, prüfen Sie, ob die Verbindungen des Holzrahmens noch stabil sind. Gegebenenfalls müssen sie von alten Leimrückständen gesäubert werden, um den Rahmen anschließend neu verleimen zu können. Ein wesentlicher Grund, daß Gurtungen schon bald nach dem Anbringen wieder reißen, ist, daß die inneren Holzkanten nicht gebrochen wurden. Dies geschieht, indem man sie mit einer Raspel vor dem Gurten abrundet.

3. Die Gurtung ist der erste Arbeitsschritt beim Aufbau des Flachpolsters. Befestigen Sie Ihren Sitzrahmen mit Schraubzwingen auf einer Arbeitsplatte, da er Ihnen sonst beim Anziehen der Gurte nicht genug Halt bietet. Nageln Sie nun die Gurte doppelt eingelegt in die Mitte der hinteren Leiste. Spannen Sie die Gurte nun mit dem Gurtspanner über die Mitte der vorderen Leiste, und halten Sie diesen mit einer Hand gespannt. Mit der anderen Hand nehmen Sie einen Hammer und streichen mit dessen Eisen mehrmals über die Gurte. Dies bewirkt, daß sich die Gurte noch etwas dehnt und nachgezogen werden kann. Jetzt können Sie die Gurte mit drei Kammzwecken und einem Lederbändchen dazwischen auf die Vorderzarge nageln. 3 cm hinter der Nagelung kann der Gurt abgeschnitten werden. Schlagen Sie den Überstand doppelt ein und nageln ihn wie gegenüber mit 5 versetzt angebrachten Nägeln an. In der Mitte der Zwischenräume links und rechts dieser Gurte wiederholen Sie diesen Arbeitsgang.

4. Bevor Sie die Quergurtung ebenfalls in der Mitte annageln, fädeln Sie sie abwechselnd über und unter die Längsgurte. Die vordere und hintere Quergurte fädeln Sie dann so ein, daß die Gurte immer abwechselnd oben und unten liegen.

4

5

6

7

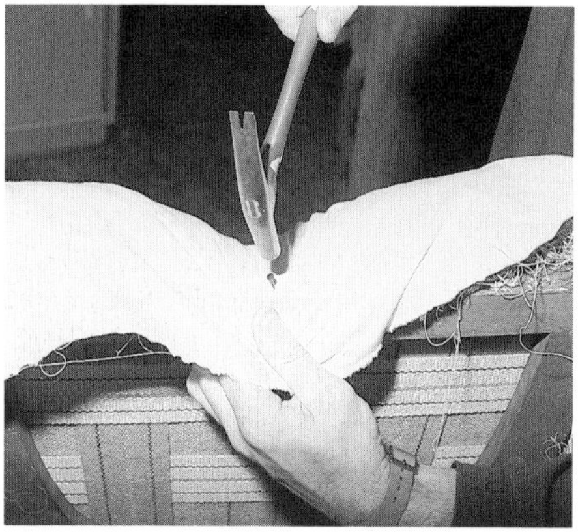

8

9

5. Jetzt messen Sie das Federleinen aus und nageln e offenkantig und straff über die Gurtung. Lassen Sie e nen Überstand von 5 cm stehen, legen ihn ringsherur nach innen doppelt ein und nageln ihn fest.

Nehmen Sie jetzt einen 2 m langen Garnierfaden un eine 120er gebogene Garniernadel. Mit einem Ziehknc ten fixieren Sie das Ende auf einer hinteren Ecke de Federleinens. Ziehen Sie mit der linken Hand den Fa den nach links 10 cm stramm. Führen Sie die eingefä delte Nadel zunächst über den straffen Faden un stecken Sie sie dann unter dem Faden in die gebildet Schlaufe. Dabei greifen Sie ca. 1/2 cm vom Federleine mit, um den Stich dort zu fixieren. Diesen Stich wieder holen Sie nun im Abstand von jeweils 10 cm rings ur den Sitz und bilden dann noch einige Stiche in der Mitt der Fläche.

6. Unter diese Fäden werden im Anschluß die Palmfa sern, die das Hauptpolster bilden, geschoben. Nehme Sie jedesmal eine gut verzupfte Handvoll der Palmfa sern und schieben Sie sie von innen nach außen unte die Fäden. Immer, wenn Sie eine neue Portion Materia einbringen, verzupfen Sie diese gut mit der voriger Das Polster muß höher aussehen als es später sei wird, weil es durch das anschließende Beziehen noc zusammengepreßt wird. Im vorderen Drittel soll es et was ansteigen, dann nach hinten flacher werden.

7. Legen Sie nun die Polsterwatte auf und zupfen Si sie mit den Händen an den Rändern gleichmäßig aus.

8. Als nächstes wird ein dünner Baumwollnessel über geheftet und dann angenagelt, das sogenannte Weiß polster. Es ist wichtig, diese Nägel nicht ganz unten a den Außenkanten anzubringen, weil dort im Anschlu der Bezugsstoff befestigt wird.

9. Der Bezugsstoff wird zuerst in der Länge und dan in der Breite jeweils in der Mitte übergespannt. Von dor spannen Sie den Stoff auf die Ecken zu. Erst wenn de Stoff überall gleichmäßig und beulenfrei sitzt, nagel Sie ihn endgültig an. Die Stoffüberhänge werden dich an der Kante abgeschnitten und ein Klebeband übe die untere Kante geklebt, damit keine losen Fäden un ter dem Stuhl heraushängen können.

Den Klavierhocker neu polstern

Material

Gurte, Federleinen, Gummikokos, Watte, Nessel, Bezugsstoff, Nägel, Klebeband.

Werkzeug

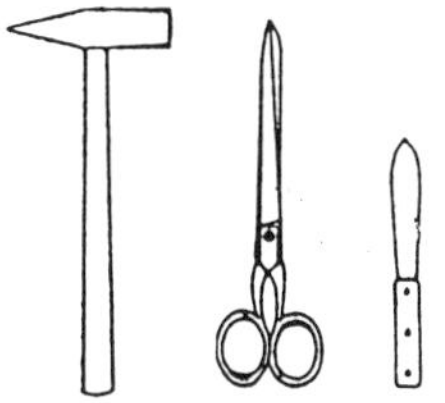

Schwierigkeitsgrad

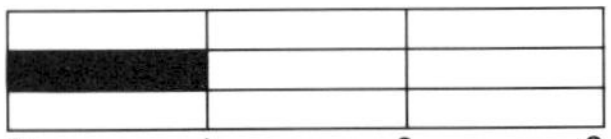

Kraftaufwand

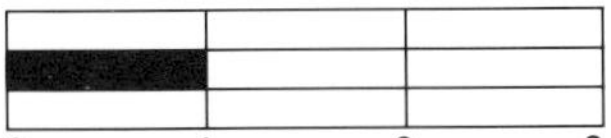

Arbeitszeit

Sie brauchen hierfür ungefähr 2,5 Stunden.

Ersparnis

Sie sparen durch die Eigenleistung mindestens 80 DM.

1

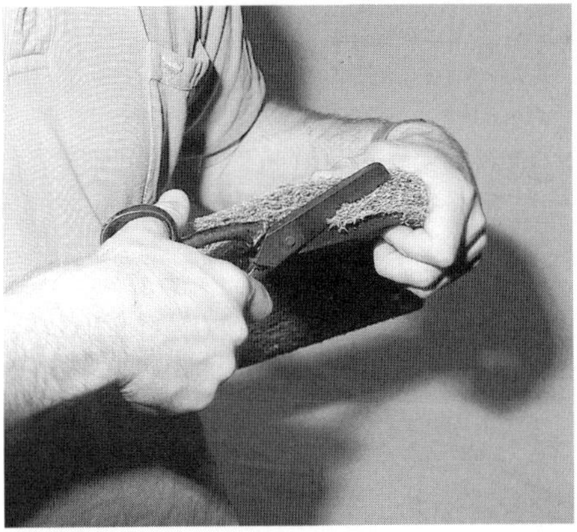

2

3

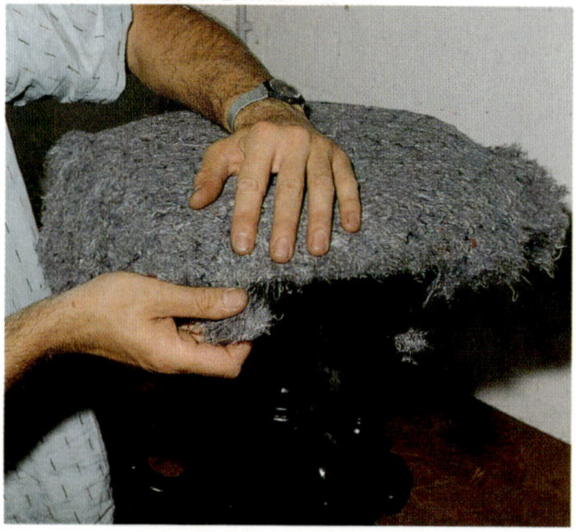
4

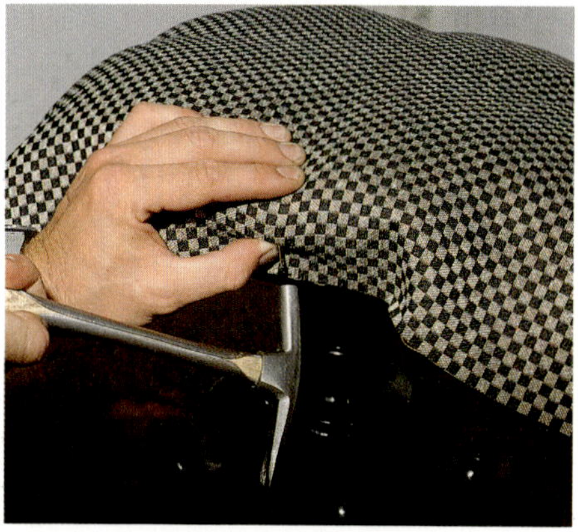
5

6

Der Klavierhocker aus der Gründerzeit, der aufgepolstert werden soll, hatte ursprünglich ein Sitzgeflecht aus geschältem Peddigrohr. Das Geflecht war zerrissen und muß nun, bevor die Polsterarbeit beginnt, gründlich entfernt werden.

Arbeitsanleitung

1. Der erste Arbeitsgang ist das Aufspannen der Gurte. Sitzgurte werden auf jeweils einer Seite doppelt umgelegt und mit 5 Gurtstiften auf das Holz genagelt. Mit dem Gurtspanner zieht man sie über den Sitz an und streicht sie mit dem Hammer aus. Nun spannen Sie noch etwas nach und nageln sie mit 3 Kammzwecken durch einen Lederstreifen an. 3 cm hinter der Nagelung schneiden Sie die Gurte ab, legen sie doppelt um und befestigen sie endgültig mit 5 Gurtstiften. Diesen Arbeitsschritt wiederholen Sie um 90 Grad versetzt und dann noch zweimal, um die Zwischenräume zu überbrücken.

Der nächste Schritt ist das Annageln des Fassonleinens. Befestigen Sie es mit Kammzwecken zuerst offenkantig auf dem oberen Rand. Schneiden Sie dann den Überstand im Abstand von 4 cm ab, legen ihn doppelt um und nageln ihn noch einmal fest.

2. Messen Sie jetzt mit einem Bandmaß über den Hocker, um die Größe des Gummikokospolsters festzustellen. Zu diesem Maß geben Sie eine Zugabe von 2 cm. Mit einem Zirkel markieren Sie sich dieses Maß auf dem Gummikokos. Zum Ausschneiden benötigen Sie dann ein scharfes Messer oder eine gute Schere. Anschließend wird die Kante ebenfalls mit einer scharfen Schere schräg geschnitten.

3. Nun befestigen Sie das Polster auf der Hockerkante mit Kammzwecken oder einer Heftpistole.

4. Das anschließende Auflegen der Polsterwatte sollten Sie sehr sorgfältig ausführen. Die Ränder müssen gleichmäßig ausgezupft werden.

5.–6. Als nächstes wird der Bezugsstoff übergeheftet und angenagelt. Auch hier sollten Sie größte Sorgfalt zeigen. Wenn die Stoffüberhänge dann abgeschnitten sind, wird die Schnittstelle, damit keine Fäden herunterhängen können, noch mit Klebeband versäubert.

Aufpolstern eines Stuhls mit garnierter Kante

Material
Gurte, Federleinen, Fassonleinen, Afrik, Elancrin, Roßhaar, Watte, Nessel, Nägel, Faden, Bezugsstoff.

Werkzeug

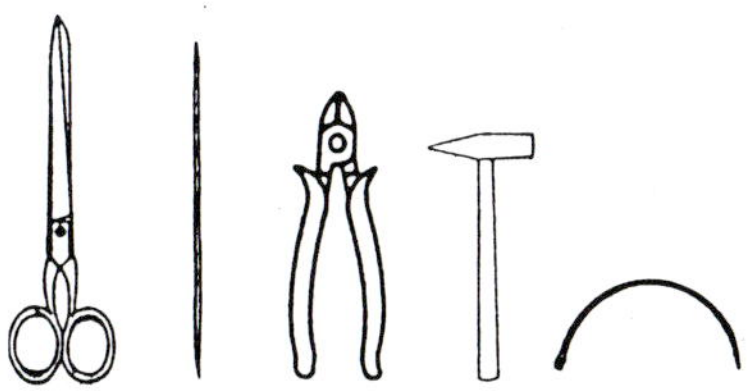

Schwierigkeitsgrad

Kraftaufwand

Arbeitszeit
Für diese Arbeit brauchen Sie, je nach Übung, ca. 10 Stunden.

Ersparnis
Sie sparen mehr als 180 DM.

1

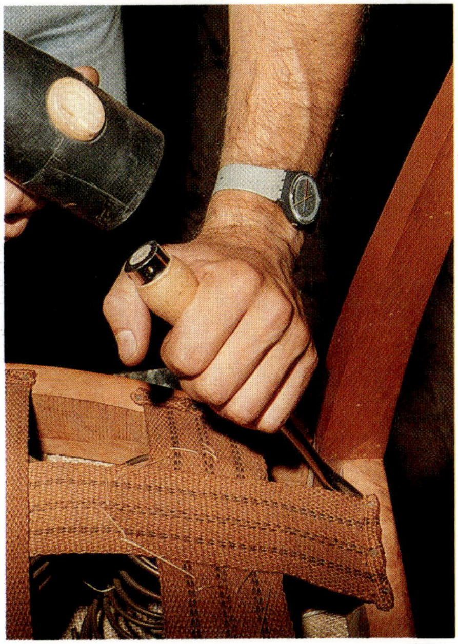

2

3

4

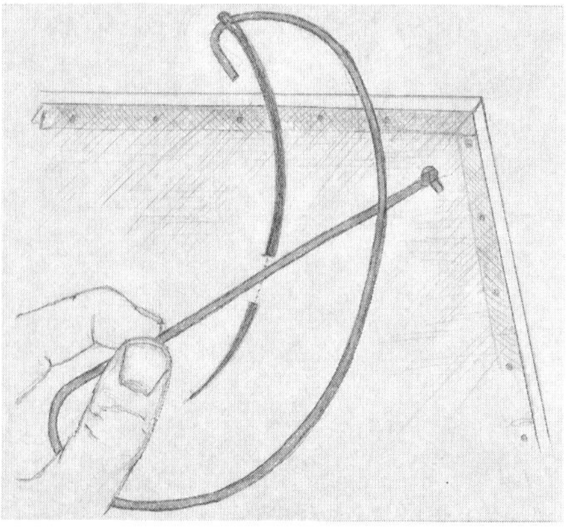

5

Hat man es, wie bei diesem Beispiel, mit einem wert- vollen Stuhl zu tun, so ist selbstverständlich größte Vorsicht bei der Arbeit geboten. Schnell sind beim Ab- polstern Schrammen in der Politur, die später mühsam herausgeschliffen und poliert werden müssen. Auch später beim Nageln sollten Sie sehr aufpassen. Wenn Sie den Stuhl abpolstern, heben Sie bitte alle Teile, die Sie entfernen, auf, denn sie können Ihnen in umgekehr- ter Reihenfolge beim Polstern eine gute Gedächtnis- stütze sein.

Dieser Stuhl ist ein früher Biedermeierstuhl. Er war mi ca. 30 Jahre alten Sprungfedern aufgepolstert. Da die Sprungfeder aber erst gegen Ende der 20er Jahre des 19. Jahrhunderts patentiert wurde, ist anzunehmen daß die Verwendung von Sprungfedern nicht dem Ori- ginalzustand entspricht. Also wird darauf verzichtet wieder eine sogenannte Schnürung anzufertigen. Dies bedeutet für uns auch, daß wir die Gurtung nun auf de Zargenoberseite anbringen.

Arbeitsanleitung

1. Um die Sprungfedern im Sitz unterzubringen, wa die Gurtung vorher auf der Zargenunterseite befestigt Als Zargen werden die 4 Bretter am Stuhl bezeichnet die die Stuhlbeine horizontal verbinden.

2. Sie beginnen die Polsterarbeit, wie üblich, mit dem Abpolstern. Legen Sie fest und zeichnen Sie an, wo die Gurte befestigt werden soll. Vermeiden Sie eine Beschädigung der Zargen! Sie wird leinwandbindig ineinander verflochten. Der Abstand zwischen den Gurten sollte nicht größer als 5 cm sein.

3. Anschließend schlagen Sie die Gurte doppelt nach oben ein und nageln sie dann mit 5 Nägeln etwas nach innen eingerückt auf die Zargenoberseite. Benut- zen Sie 20 mm lange Gurtstifte. Nur, wo es unbeding nötig ist, nehmen Sie 25 mm Gurtstifte. Diese halten zwar besser, schädigen das Holz jedoch auch mehr Bei sehr alten Stühlen kann das Holz so morsch sein daß Nägel keinen Halt mehr finden. In diesem Fal müssen vom Schreiner neue Leisten eingesetzt wer- den. Außerdem sollte der Stuhl natürlich gut verleim sein, bevor Sie mit der Polsterarbeit beginnen. Beim

Annageln der Gurte achten Sie bitte darauf, daß die Nägel nicht in einer Reihe, sondern versetzt angebracht sind. Außerdem ist es nützlich, mit dem Hammer kurz auf die Nagelspitze zu klopfen, bevor Sie den Gurtstift einschlagen. So wird weitgehend verhindert, daß das Holz beim Nageln spaltet.

Nun kann die erste Gurte mit dem Gurtspanner angezogen werden. Sie setzen ihn schräg vom Stuhl fortzeigend auf der gegenüberliegenden Seite an. Seine Zinken werden dabei durch die Gurte gesteckt. Durch das Herunterdrücken des Gurtspanners wird die Gurte nun gespannt. Während sie mit einer Hand die Gurte gespannt halten, reiben Sie mit der anderen mehrmals mit dem Hammerkopf darüber. Dabei kann die Gurtspannung noch etwas verstärkt werden. Die Gurte soll schön straff sein, jedoch nicht die Zargen zusammenbiegen. Beim Annageln der gespannten Gurte benötigen Sie nun einige Geschicklichkeit. Es wird ein jeweils 1 cm breiter und 6 cm langer Lederstreifen auf die gespannte Gurte über die Zarge gelegt und dort mit 3 Kammzwecken angenagelt. Jetzt können Sie den nun entlasteten Gurtspanner herausnehmen und die Gurte 3 cm hinter dem Lederband abschneiden. Der Überstand wird nun ebenfalls doppelt eingeschlagen und wie auf der anderen Seite mit Gurtstiften befestigt.

Um eventuelle Beschädigungen des Sichtholzes zu vermeiden, ist es ratsam, zwischen Holz und Gurtspanner einen schützenden Stoffrest zu legen. Gurten Sie zuerst in Längsrichtung, dann alternierend eingeflochten die Quergurte.

4. Schneiden Sie sich nun fadengerade ein Stück Federleinen, welches in Länge und Breite je 8 cm größer ist als die Sitzfläche Ihres Stuhls. Jeweils gegenüber in der Zargenmitte wird es jetzt zuerst angeheftet, d. h., die Kammzwecken, die man dazu benutzt, werden nur zur Hälfte eingeschlagen, um sie gegebenenfalls leicht wieder entfernen zu können. Nun wird das Federleinen zu den Ecken hin gespannt und dort ebenfalls angeheftet. Die Stoffecken an den Rückenlehnpfosten werden nach innen eingeklappt und diagonal auf die Pfosten zu eingeschnitten. Wenn der Stoff fadengerade

6

7

8

9

10

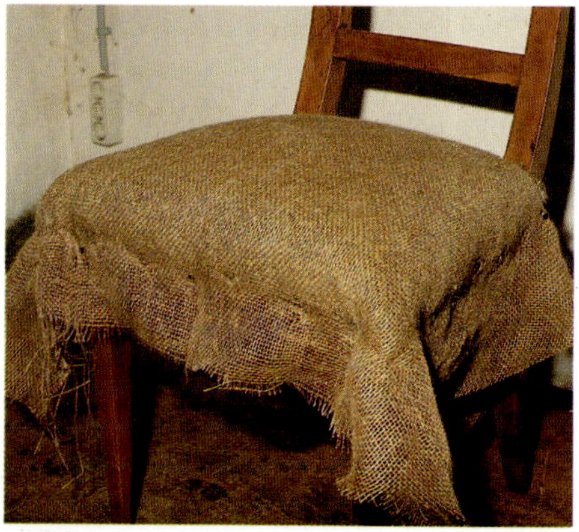
11

aufgeheftet ist und an allen Seiten ca. 4 cm über die Zarge reicht, können die Heftnägel eingeschlagen werden. Die Zwischenräume werden alle 3 cm gespannt und genagelt. Das überstehende Federleinen wird nun nach innen geschlagen und noch einmal in etwas größerem Abstand (ca.5 cm) befestigt.

5. Der nächste Arbeitsschritt ist der Lasierstich. Sie benötigen einen ca. 2 m langen Garnierfaden und eine 120 mm lange gebogene Garniernadel. Fädeln Sie ein und setzen Sie einen Knoten ans Fadenende. Beginnen Sie damit, den Faden mit einem Schleifknoten an der hinteren rechten Ecke der Fläche zu befestigen. Den ersten Lasierstich machen Sie etwas vom Rand ins Innere eingerückt in der hinteren Mitte. Stechen Sie die Garniernadel von außen ins Innere der mit dem Faden gebildeten Schlaufe. Dabei müssen Sie jedoch ein Stück vom Federleinen mitfassen. Wenn Sie die Schlaufen anziehen, achten Sie darauf, daß der Faden zwischen den Knotenpunkten nicht zu sehr gespannt ist, aber auch nicht zu locker liegt. Sie sollten die Finger Ihrer Hand noch gut unter den Faden schieben können.

6. Den nächsten Stich machen Sie nun an der hinteren linken Seite der Fläche, dann etwas nach innen gerückt an der linken Seite in der Mitte. Von dort gehen Sie zur vorderen linken Ecke usw. bis zum Ausgangspunkt. Von hier stechen Sie nun diagonal Richtung Mitte und bilden dann noch ein Quadrat mit dem Lasierstich in der Stuhlmitte. Die Lasierstiche dienen dazu, den Palmfasern oder Afrik, die nun das Hauptpolster bilden werden, Halt zu geben.

7.–8. Das folgende Polster wird als die Fasson bezeichnet. Palmfasern oder Afrik wird aus den Blättern einer Zwergpalme gewonnen. Es ist in verschiedenen Feinheiten im Handel. Für die Fasson oder das Grundpolster benötigen wir eine gröbere oder mittlere Qualität. Afrik wird zu langen Zöpfen verflochten und dann in Ballen gepreßt importiert. Versuchen Sie es bei Ihrem Polsterer oder im Fachgeschäft in kleineren Menge im bereits gelockertem Zustand zu kaufen. Für einen Stuhl benötigen Sie bis zu 2 kg Palmfasern.

3eginnen Sie damit jeweils eine »gute Handvoll« Afrik :u nehmen, aufzulockern und eventuell vorhandene Holzteile, die sich durchdrücken könnten, zu entfernen.
\n der hinteren Seite beginnend, stecken Sie jeweils ine Handvoll gut gelockerter Fasern von außen nach nnen unter den Lasierfaden. Nachdem die zweite Portion ebenso neben die erste gesteckt ist, müssen eide miteinander verzupft werden. Dazu gehen Sie nit allen Fingern in die Faserbüschel und verzahnen liese ineinander. Das Afrik soll dabei auch über den Rand nach außen stehen, da die Fasern in einem päteren Arbeitsgang noch weiter zusammengedrückt verden. Mit der Menge der Fasern, die Sie jetzt verarbeiten, legen Sie die spätere Höhe des Polsters schon in etwa fest. Die Höhe des Polsters am Rand sollte später nicht mehr als 4 oder 5 cm von der Gurung aus betragen. Wenn Sie jetzt mit der Hand auf lie Fasern drücken, bekommen Sie einen Eindruck von der späteren Höhe.
Stecken Sie nun rings um den Sitz von außen nach innen die Palmfasern unter die Lasierfäden. Ist dies geschehen, schieben Sie auch Afrik unter die Fäden in der Mitte des Sitzes. Nun muß alles zusammen sorgfältig miteinander verzupft werden. Legen Sie großen Wert darauf, daß das Polster am Rand des Sitzes überall in gleicher Menge eingeschoben ist, weil sonst später eine gerade Kante nicht möglich ist. Beim Polster in der Stuhlmitte ist es wichtig, daß es im ersten Drittel ansteigt und dann zum hinteren Rand wieder abfällt. Dort ist also mehr Material erforderlich. Wenn man die fertige Fasson untersucht, sollte sie so gleichmäßig und homogen sein, daß die einzelnen »Portionen« nicht mehr zu er kennen sind.

9. Nach dem Auflegen der Palmfasern muß das Fassonleinen ausgemessen und zugeschnitten werden. Messen Sie mit dem Maßband in beide Richtungen ocker über die Palmfasern von Zarge zu Zarge. Zu diesem Maß rechnen Sie je 20 cm Zugabe und schneiden nun das Fassonleinen fadengerade zu.
Das Überheften des Fassonleinens geschieht wegen seiner Grobmaschigkeit mit Gurtstiften. Diese rutschen

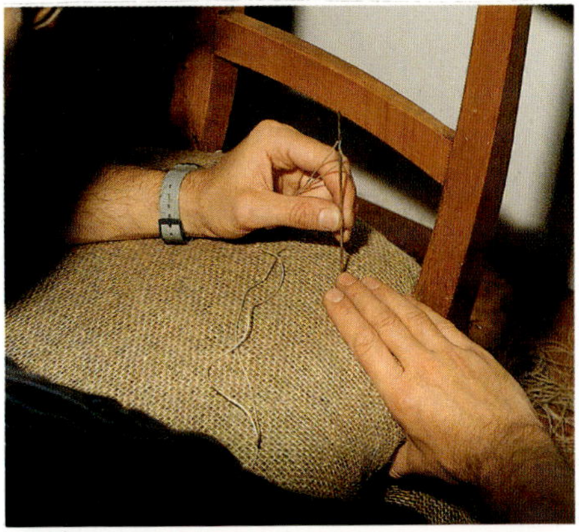

12

13

14

15

16

17

nicht so leicht durch die Maschen. Achten Sie beim Na geln darauf, daß Sie das Sichtholz nicht verletzen. Als erstes wird das Fassonleinen in der Vertikalen jeweils in Zargenmitte geheftet, dann in horizontaler Richtung. Is dies geschehen, spannen und heften Sie im Abstand von ca. 6 cm auf die Ecken zu. Denken Sie daran, die Nägel nur zur Hälfte einzuschlagen, damit sie späte leichter wieder entfernt werden können.

10. An den Rückenlehnpfosten wird der Stoff wie schon beim Federleinen, in die Mitte geklappt und dia gonal auf die innere Pfostenecke zu eingeschnitten.

11. Das Fassonleinen ist nun fadengerade übergehef tet und die Zugabe hängt lose herunter.

12. Das Durchnähen der Fasson ist der nächste Schrit bei der Polsterarbeit. Dies geschieht mit der Doppel- spitze und einem Garnierfaden. Die Doppelspitze is eine 30–40 cm lange Nadel, die eine Spitze an beider Enden hat. Achten Sie beim Arbeiten darauf, sich und andere nicht zu verletzen. Wenn die Doppelspitze nich benutzt wird, sollten ihre Spitzen immer durch aufge steckte Korken »entschärft« sein. Lassen Sie jedoch nie eine Doppelspitze einfach im Polster stecken und ent- fernen sich von der Arbeit. Nachdem Sie nun genügend vorgewarnt sind, nehmen Sie das Garnierfadenende aus der Rolle, ohne den Faden abzu schneiden, und fä- deln ihn in die Doppelspitze ein. Mit dem Nadelöhr nach oben stecken Sie die Nadel ca. 8–9 cm vom rech- ten und hinteren Rand in die Fasson. Ziehen Sie sie un- ten vorsichtig ganz heraus und versetzen Sie die Na- delspitze um einen halben cm nach links. Ohne die Na- del zu drehen, stecken Sie sie wieder zurück und zie- hen sie nach oben heraus. Achten Sie darauf, daß der Faden frei aus der Rolle laufen kann und ziehen sich et- was davon nach.

13. Stecken Sie die Nadel nun in der hinteren Mitte in der gleichen Entfernung zum Rand wieder ein, verset- zen sie unten um einen 0,5 cm nach links und stecken sie nach oben zurück. Nun geht es in die hintere linke Ecke, wo Sie die gleichen Entfernungen zum Rand einhalten, die Doppelspitze vor dem Zurückstechen jedoch um den 0,5 cm nach vorn versetzen. Auf diese

Art nähen Sie um den Sitz bis zum Ausgangspunkt. Ziehen Sie hier die Nadel aus dem Faden und sichern deren Enden. Das Fadenende, das Sie aus der Nadel gezogen haben, verkürzen Sie nun auf ca. 15 cm und machen einen Knoten an dieses Ende. Fertigen Sie nun einen Schleifknoten mit dem Knotenende und seiner obenliegenden Fortsetzung. Rückwärts zum bisherigen Nähverlauf können Sie nun diese Stiche festziehen und damit natürlich auch das Fassonpolster zusammenziehen.

14. Sichern Sie das Fadenende mit einem Schleifknoten. In der Mitte des Sitzes nähen Sie nun noch ein Quadrat mit etwas kleinerer Stichgröße durch und sichern es auf die gleiche Weise.

Jetzt wird der Stuhl von der Arbeitsplatte genommen und der Sitz wird »durchgesessen«, d. h., man setzt sich auf den Stuhl in verschiedenen Positionen hin und drückt die immer noch losen Fasern dabei zusammen. Dies soll ruhig 5 Minuten dauern. Sie können es auch noch als Erholungsphase nehmen, denn bald wird es etwas anstrengender.

Nach dem »Durchsitzen« werden die Durchnähfäden noch einmal nachgezogen und am Ende wieder mit dem Schleifknoten gesichert. Nun werden die Heftnägel entfernt, das Fassonleinen hängt lose über die Zarge, während das mittlere Polster durch die vorangegangene Arbeit schon ihre Form erhalten hat.

15. Die Polsterkanten müssen nun "gebaut" werden. Klappen Sie das vordere Fassonleinen nach oben und schauen Sie, ob die Kante überall gleichmäßig gefüllt und geformt ist. Ist dies geschehen, so nehmen Sie das Fassonleinen der vorderen Mitte und stecken es mit beiden Daumen unter die Fasern.

16. Die Polsterkante liegt nun in Ihrem Handinnern. Der Stoff soll stramm um die Fasern gewickelt sein, die Polsterkante jedoch noch 0,5 cm über die Zarge reichen.

17. Mit einem Polsterstecker befestigen Sie das Fassonleinen an dieser Stelle vorläufig, oder Sie heften es mit Kammzwecken an die Zargenoberkante. Auf die gleiche Art und Weise gehen Sie in je 5 cm Abstand

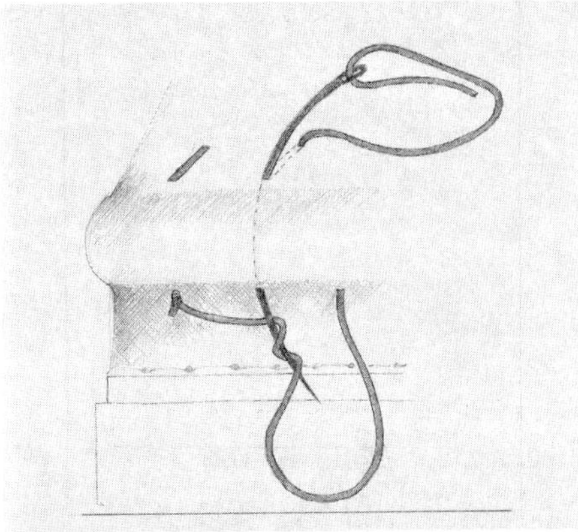

18

19

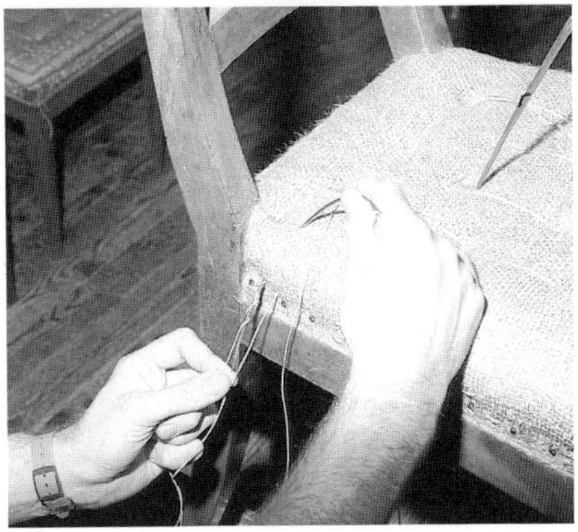

20

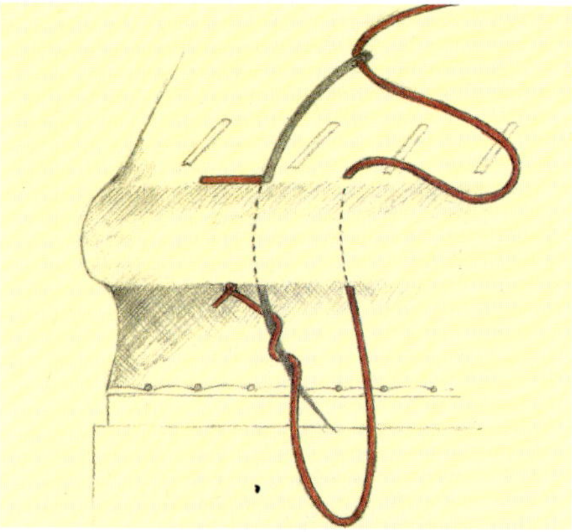

21

22

23

auf die Ecken zu, lassen diese jedoch noch aus. An den Seiten und der Hinterkante verfahren Sie auf die gleiche Weise. Die vorderen Ecken werden, wenn die Füllmenge stimmt, zuerst nach außen gezogen und im Anschluß werden die Seiten nach innen eingeschlagen. Wenn das Fassonleinen ringsherum angeheftet ist, soll die Kante überall gleichmäßig gefüllt sein. Korrekturen können jedoch auch jetzt noch vorsichtig mit dem Haarzieher durchgeführt werden. Erst wenn die Kante zu Ihrer vollen Zufriedenheit steht, wird das Fassonleinen an der Zargenoberkante angenagelt.

18. Die »Garnierung« der Kante ist der nächste Arbeitsgang. Hierbei handelt es sich um 2 Nähstiche, die zusätzlich Palmfasern in die obere Kante ziehen und dort verfestigen. Beide Garnierstiche werden im Gegensatz zu anderen Stichen von links nach rechts ausgeführt. Da der Faden stark angezogen werden muß, kann ein Heftpflaster, das am äußeren kleinen Finger angebracht ist, die Haut an dieser Stelle vor Einschnitten bewahren.

Sie beginnen mit dem Leiterstich. Hierzu benötigen Sie eine 25 cm lange gebogene Garniernadel und einen ca. 2 m langen Garnierfaden, den Sie mit einem Stück Bienenwachs gut wachsen.

19.–20. An der hinteren linken Seite wird begonnen. Stecken Sie die Nadel neben dem Rückenlehnpfosten von der Seite nach oben hin ein. Hierbei soll der Nadelaustritt etwa 7 cm von der Kante sein. 3 cm von der Kante und 1 cm nach hinten versetzt stechen Sie die Nadel zurück und verbinden die Enden mit einem Schleifknoten. Im Abstand von 4 cm stechen Sie nun wieder nach oben, ziehen den Faden jedoch nicht ganz durch, sondern lassen an der Seite eine 20 cm lange Schlaufe. Parallel zum ersten Stich stecken Sie die Nadel zurück, wobei der Nadelaustritt genau zwischen dem Schleifknoten und dem Nadeleintritt liegen soll.

21. Bevor die Nadel jedoch ganz aus dem Polster gezogen wird, wickelt man den Faden von der 20 cm langen Schlaufe zweimal um die Nadelspitze. Erst jetzt wird die Nadel völlig aus dem Polster genommen und der Stich angezogen. Das zweimalige Umwickeln verhindert gut, daß der Leiterstich sich wieder lösen kann.

22. Nun führen Sie den Stich im 4-cm-Abstand um die Stuhlkante herum fort. Es ergibt sich aus dem aufliegenden Faden ein Muster, welches den Sprossen einer Leiter ähnelt. Daher kommt die Bezeichnung Leiterstich. Um die Kante schön gerade anzufertigen, schadet es nichts, einmal ein Lineal anzulegen und nun deutlich sichtbarere Unebenheiten mit dem Haarzieher auszugleichen.

23. Der zweite Garnierstich ist der Hinterstich. Sie brauchen eine 15 cm lange gebogene Garniernadel und jeweils ca. 1,5 m lange gewachste Garnierfäden. Beginnen Sie an der gleichen Stelle wie beim Leiterstich. Stechen Sie von unten nach oben, 2 cm vom Rückenpfosten und 1 cm vom vorderen Rand in die Kante. Bei gleicher Entfernung zur Kante stechen Sie dicht am Pfosten wieder nach unten, ziehen gut an und verknoten mit einem Schleifknoten. Beim Weitergarnieren behalten Sie die Entfernung zum Rand bei. Stechen Sie 2 cm weiter vorne ein, lassen wie beim Leiterstich eine Schlaufe unten hängen, wickeln sie beim Zurückstechen zweimal um die herausschauende Nadel und ziehen diese dann gut an. Mit Hilfe des Haarziehers sorgen Sie dafür, daß die Vorderkanten schön eckig werden. Der äußere Umriß des Stuhls ist nun festgelegt.

Der Stuhl kann jetzt noch einmal »durchgesessen« werden. Abschließend werden die Fäden vom Durchnähfaden nachgezogen und verknotet.

24.–25. Es folgt die »Pikierung« des Stuhls. Elancrin oder Roßhaar werden dazu unter Lasierstiche geschoben, die zuvor auf der Fasson angebracht wurden. Da Roßhaar die größere Federkraft hat, ist eine Roßhaarpikierung weicher als eine mit Elancrin. Für dieses Beispiel benutzen wir Elancrin mit einer Roßhaarauflage. Verzupfen Sie das Material gut und schieben je ein Büschel von innen nach außen unter die Lasierfäden. Das Pikiermaterial sollte dabei nicht über die Außenkante stehen, und die einzelnen Büschel müssen gut miteinander »verzahnt« werden. Die Pikierung muß

24

25

26

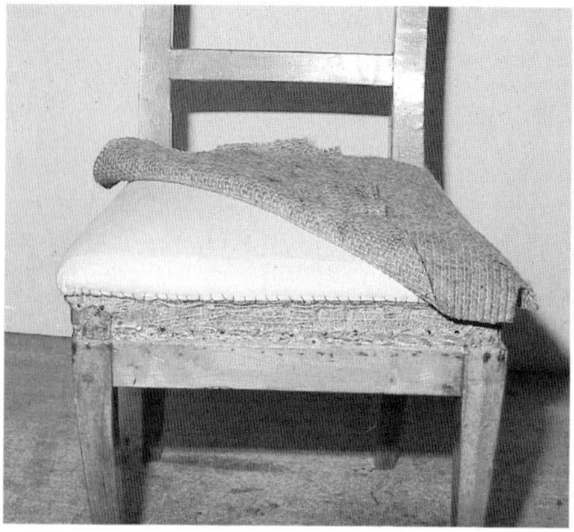

27

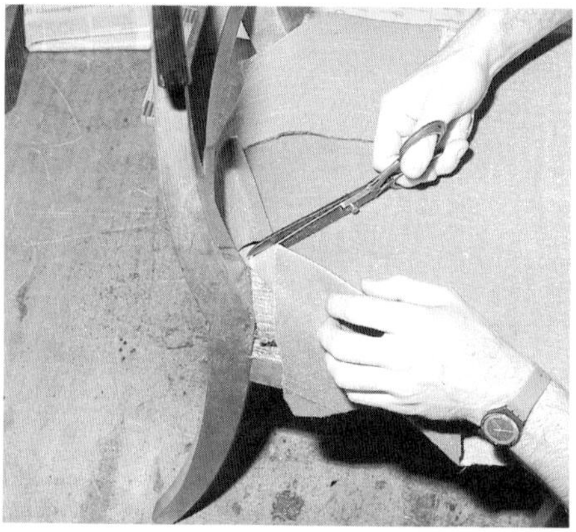

28

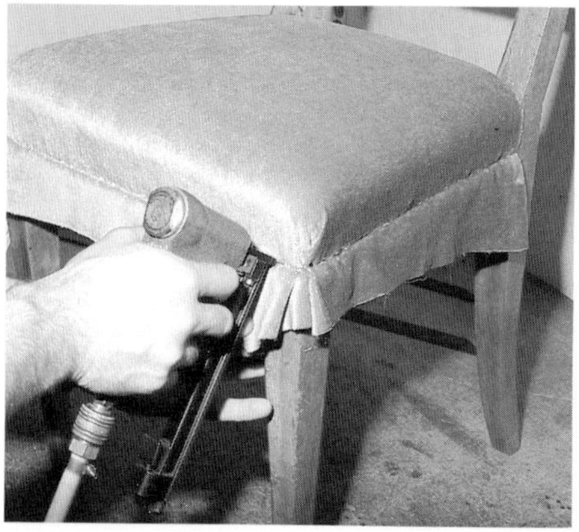

29

höher ausfallen, als ihre spätere tatsächliche Höhe, weil sie durch den Nessel, der als nächstes aufgelegt wird, noch gepreßt wird.

26. Der Nesselbezug wird auch Weißpolster genannt. Messen Sie mit einem Bandmaß über die fertige Pikierung und geben Sie auf jeder Seite 2 cm dazu. Schneiden Sie den Nessel zu und legen ihn auf den Sitz. Mit Polstersteckern spannen Sie den Nessel zuerst senkrecht dann waagerecht, jeweils in der Mitte, über den Sitz. Dabei wird der Rand nach innen eingeschlagen. Von den Mitten wird der Weißbezug nun zu den Ecken hin gespannt und knapp unter der Kante angesteckt. An den Rückenlehnpfosten wird der Nessel wieder zurückgeklappt und schräg auf die inneren Ecken zu eingeschnitten. Die Überstände werden nach innen eingeschlagen.

Der Nessel wird nun an die Fassonkante genäht. Sie brauchen eine 90 mm lange gebogene Polsternadel und einen gewachsten Perlonfaden.

Das Annähen geschieht mit einem sehr einfachen Stich, dem »Überwendlichen Stich«. Die Nadel wird jeweils in den unteren Rand des eingeschlagenen Nessels eingesteckt und kommt unterhalb der Polsterkante wieder heraus.

27. Als Nächstes decken Sie das Weißpolster mit einer gesteppten Marenawatte oder einer Polsterwatte ab, und zwar so, daß sie über die Polsterkante reicht, jedoch nicht auf die Zarge.

Nun kann schon der Bezugsstoff zugeschnitten werden. Mit einem Bandmaß messen Sie längs und quer über das Polster. Auf jeder Seite rechnen Sie 5 cm Zugabe hinzu, um den Bezug gut greifen und spannen zu können. In unserem Fall ist der Stoff ein Mohair-Velours. Beim Beziehen mit Velours ist die sogenannte Strichrichtung zu beachten, d. h., die Webkanten des Stoffes müssen immer an die Seiten des Sitzes kommen. Wenn Sie mit der Hand in Längsrichtung über den Velours streichen, werden Sie feststellen, daß er sich in die eine Richtung aufrauht und in die andere glättet. Beim Beziehen soll dieser Stoff so liegen, daß er glatt wird, wenn Sie zur Sitzvorderkante streichen. So wird man den Velours später auch immer »automatisch« glätten, wenn man vom Stuhl aufsteht. Zum Beziehen heften Sie den Bezug zuerst in der Mitte in Längsrichtung mit Kammzwecken, die Sie vorerst nur halb einschlagen. Der Stoff soll stramm aufliegen, jedoch an den Heftstellen keine Dellen in die garnierte Kante ziehen. Von der Mitte 5 cm nach links und rechts bringen Sie die nächsten Heftnägel an, wobei Sie den Stoff gleichzeitig in Längsrichtung und auf die Ecken zu strammen. Nun heften Sie den Bezug an den Seiten jeweils in der Mitte.

28. An den Rücklehnpfosten wird der Mohair zurückgeklappt, daß die Knickstelle eine Diagonale zur hinteren Ecke bildet. Mit einer scharfen Schere schneiden Sie jetzt vorsichtig aus der Richtung der jeweils diagonal liegenden vorderen Ecke auf die innere Ecke des Rückenlehnpfostens zu.

29. Das Heften wird von den seitlichen und der hinteren Mitte auf die Pfosten zu fortgesetzt. Der Überstand an den Senkrechten der Rückenlehne wird nun bis auf einen Rest von 2 cm abgeschnitten. Dieser wird anschließend nach innen geschlagen und angeheftet.

Um die vorderen Ecken sauber abzuschließen, bringen Sie dort eine Quetschfalte an. Ziehen Sie den Stoff dazu diagonal auf die Ecke zu und setzen dort einen Heftnagel. Vorn und seitlich behalten Sie eine gleichgroße Stoffmenge über, die Sie so einlegen, daß sie jeweils zur Ecke hinzeigt. Vervollständigen und kontrollieren Sie Ihre Heftung jetzt. Spannen Sie nach, wo sie zu locker oder beulig sitzt und lösen Sie sie, wo es nötig ist. Erst wenn Sie ganz zufrieden mit Ihrem Heftbild sind, nageln Sie den Stoff fest.

30. Mit einem scharfen Messer schneiden Sie den Stoffüberhang ab.

31.–32. Abschließend muß nur noch eine passende Borte angebracht und der Stuhl von unten abgespannt werden.

33. Ihr Biedermeierstuhl ist nun originalgetreu mit ausschließlich natürlichen Materialien aufgepolstert worden. Eine gute Sitzqualität und eine große Haltbarkeit werden Sie für Ihre Geduld und Mühe belohnen.

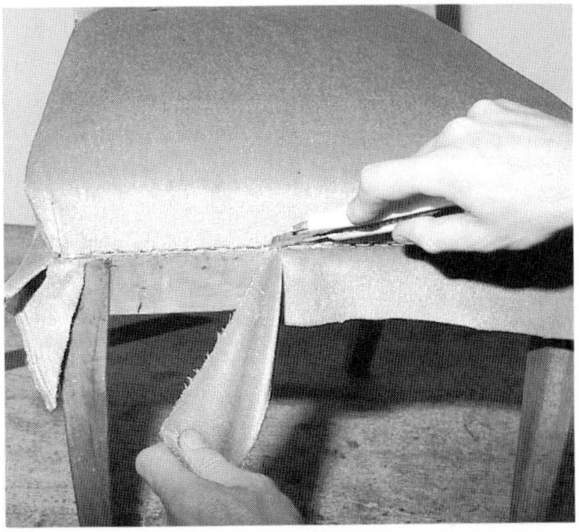

30

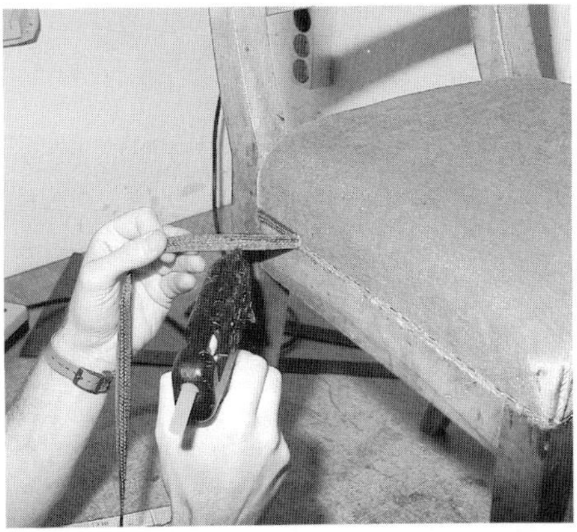

31

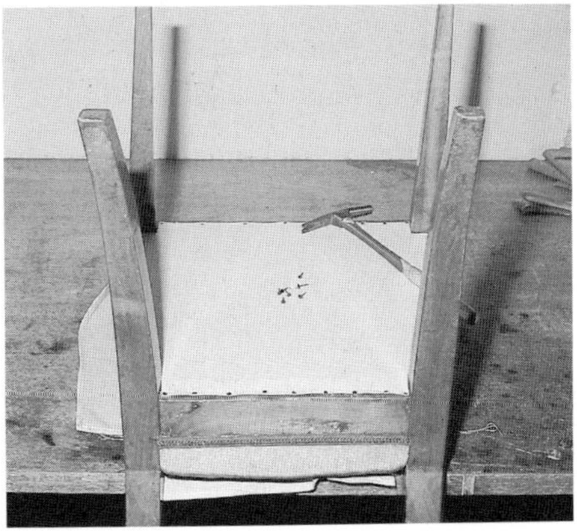

32

33

Teile eines alten Spiegelrahmens ergänzen

Material
Sperrholz, Weißleim, Feinspachtel, Acryl-Dichtungsmasse, Dispersionsvoll- und -abtönfarben, Silikonkleber für Glas, Nägel.

Werkzeug

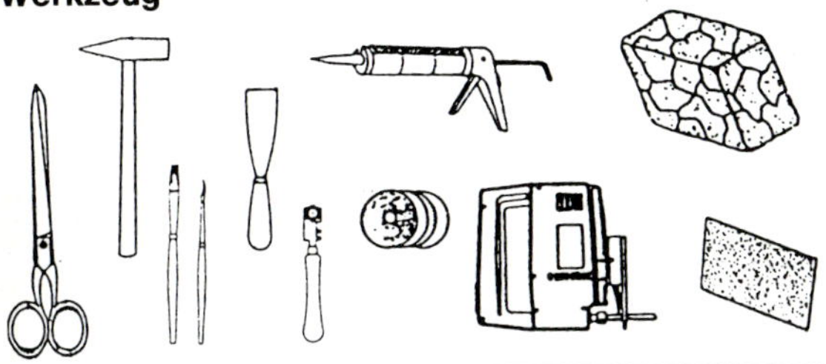

Schwierigkeitsgrad

Kraftaufwand

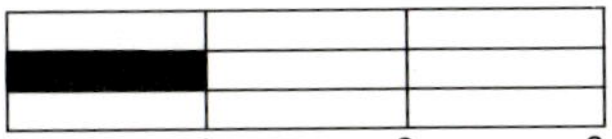

Arbeitszeit
Für diese Arbeit benötigen Sie mehrere Tage.

Ersparnis
Die Ersparnis ist nicht genau anzugeben, da die Restaurierkosten den Wert des Rahmens übersteigen.

1

2

3

4

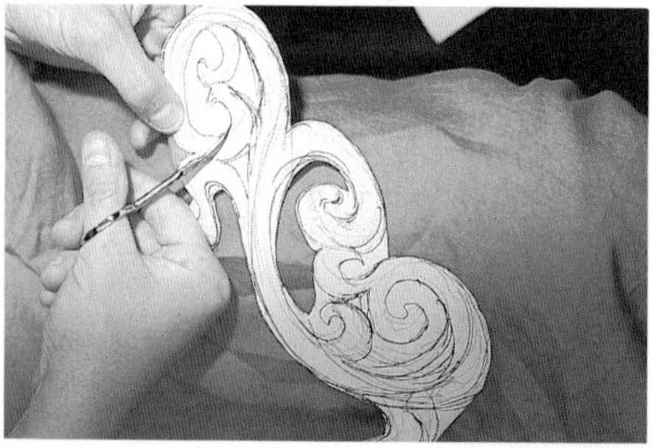
5

6

Bei diesem Rahmen, eine Arbeit aus Rotchina, sind einige Stücke verlorengegangen, bzw. abgebrochen. Im engen Sinne eigentlich kein Möbelstück; hier treten jedoch Schäden auf, wie sie so oder ähnlich auch bei alten Möbelstücken vorkommen können: Ergänzen von fehlenden Stücken, Wiederanleimen noch vorhandener Bruchstücke, Einsetzen eines Spiegels oder Glases, Aufsetzen der Zierleiste auf die ausgesägten Teile und schließlich das Neufassen der ergänzten Teile mit Farbe. Die erste Aufgabe ist das Ergänzen der fehlenden Teile. Dies erfordert von Ihnen auch einige Kreativität, da manche Teile gänzlich fehlen und auch in spiegelverkehrter Form nicht mehr vorhanden sind.

Arbeitsanleitung

1.–3. Beginnen Sie zunächst mit dem Anfertigen einer Schablone. Auf einem Stück Papier zeichnen Sie von der noch vorhandenen Seite des Rahmens die Konturen des Ornaments nach. Legen Sie hierzu den Rahmen mit dem Gesicht nach unten auf das Papier. Erleichtern Sie sich die Arbeit dadurch, indem Sie eine Kugelschreibermine verwenden. Mit ihr gelangen Sie auch in sehr spitze Ecken der Ornamente. Als schwierigste Stelle erweist sich der untere Teil des Rahmens. Es ist zwar ein Fragmentteil des Ornaments vorhanden, jedoch gibt es hierfür keinen direkten Anschluß am vorhandenen Rahmen. Grundsätzlich stehen Sie deshalb vor folgender Entscheidung: entweder Sie verzichten im unteren Teil ganz auf eine Restaurierung, oder Sie ergänzen frei ein neues Ornament. In diesem Fall sollten Sie sich dafür entscheiden, das Ornament am unteren Rand zu ergänzen. Nicht zuletzt deshalb, weil am rechten unteren Rand ein Bruchstück dieses fehlenden Teils vorhanden ist.

4. Skizzieren Sie zuerst grob einen möglichen Verlauf des zu ergänzenden Ornaments. Da der Rahmen symmetrisch ist, genügt es, wenn Sie sich eine Symmetrieachse einzeichnen und nur eine der beiden Seiten voll auszeichnen.

5. Falten Sie das Blatt an der Symmetrieachse und schneiden es mit einer Nagelschere aus. Die ausgeschnittene Schablone kleben Sie auf das Holz, aus dem das Ornament ausgeschnitten werden soll. Verwenden Sie Sperrholz. Durch seine Schichtenverleimung hat es den Vorteil, daß es trotz des filigranen Ornaments nicht leicht brechen kann. Die Berührungspunkte von Rahmenunterkante, (vgl. dazu Abb. 3) und neu ausgesägtem Ornament bearbeiten Sie paßgenau mit einer Holzraspel.

6. Dann bohren Sie die Löcher für die Stichsäge. Sägen Sie zuerst jene Seite aus, die an den Rahmen anschließt. Passen Sie nun das ausgesägte Teil an.

7. Für besonders verwinkelte Ecken verwenden Sie am besten eine ganz normale Laubsäge. Schneiden Sie die noch fehlenden Ornamentstücke ebenfalls aus und verfahren Sie dabei genauso, wie mit dem vorherigen Teil.

8. Nun schleifen Sie die Sägekanten. Dazu verwenden Sie zuerst Schleifpapier mit der Körnung 60–80. Zum Nachschleifen eignet sich am besten Schleifpapier der Körnung 120 oder feiner. Reißen Sie das verwendete Schleifpapier in kleine Streifen und falten Sie es einoder zweimal, damit Sie auch in den verwinkelten Ecken gut schleifen können.

9. Eine heikle Aufgabe ist nun das Ansetzen der Stükke. Die Anschlußstellen der Ornamentteile müssen vor dem endgültigen Verleimen mit kleinen Nägeln gedübelt werden. Hierzu zwicken Sie von kleinen Nägeln die Köpfe ab und schlagen diese Nägel bis zur Hälfte in den alten Rahmen.

10. Mit etwas Kraft und Fingerspitzengefühl drücken Sie nun das weichere Sperrholz auf die Nageldübel.

11. Nachdem Sie die Ornamentteile aufgedrückt haben, ziehen Sie sie wieder etwas zurück, und zwar so weit, daß Sie sie in die nun offenen Fugen mit Weißleim einbringen können. Benutzen Sie einen Holzspan.

12. Um die ergänzten Ornamentteile fest an den Rahmen zu pressen, haben Sie zwei Möglichkeiten: wenn Sie hierzu Zwingen verwenden, müssen Sie den alten Rahmen gegen Druckstellen schützen. Unterlegen Sie deshalb die Zwingenbacken entweder mit einem kleinen Stück Holz, oder, was in diesem Fall einfacher ist, mit einer zusammengefalteten Zeitung, die sich besser an die etwas runde Form des Rahmens anpaßt. Falls

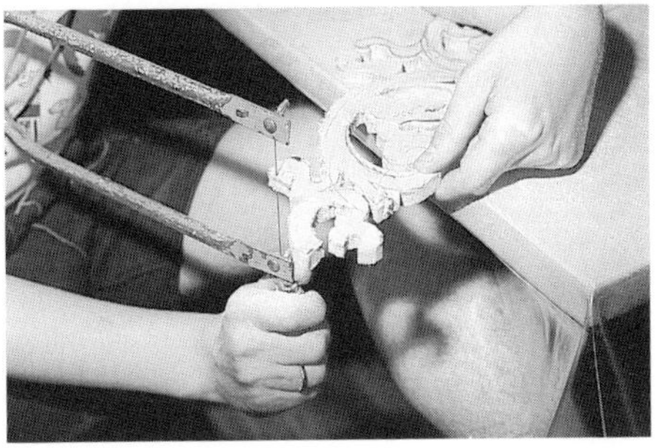

7

8

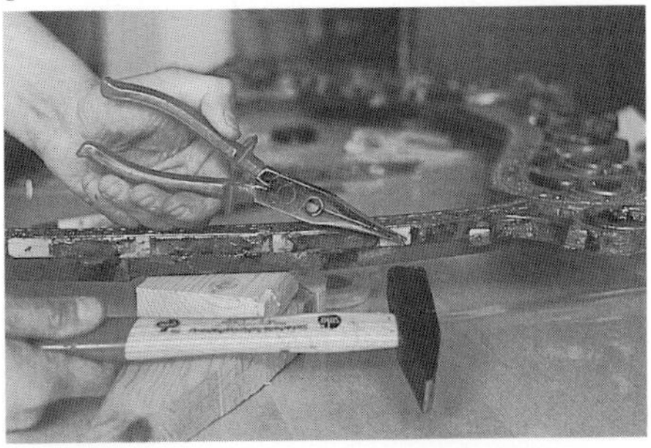

9

10

11

12

13

Ihnen nicht ausreichend Zwingen zur Verfügung stehen, um an möglichst vielen Punkten einen Druck auf das Ornament auszuüben, können Sie sich mit einer Verspannung behelfen. Eine möglichst unelastische Schnur wird zu einer Schleife gebunden. Die Schlaufe setzt man möglichst an stabilen Teilen des alten und neuen Ornaments ein. Drehen Sie nun die Schlaufe so zusammen, daß die Schnur stark gespannt wird und so das neue Ornamentstück an den alten Rahmen preßt. Blockieren Sie die Schlaufe dadurch, daß Sie einen Stift o. ä. dazwischenstecken und so verhindern, daß sich die Schnur wieder aufdreht. Drehen Sie die linke und die rechte Seite gegenläufig, damit Sie beide Schlaufen bequem an der Vorderseite des Rahmens blockieren können. Die kleineren Stücke verlangen unter Umständen individuelle Lösungen zum Festspannen. Zwingen sind nicht immer und überall anzusetzen. Kleine Teile, die keiner besonderen Belastung ausgesetzt sind, können Sie unter Umständen auch ohne zusätzliche Verspannung verleimen. Geben Sie dem Rahmen ausreichend Zeit zum Trocknen.

13. Nachdem die ganzen Leimverbindungen durchgetrocknet sind, müssen Sie nun die Anschlüsse vom neuen Ornament und altem Rahmen und kleine Unebenheiten, die durch das Schleifen noch nicht beseitigt worden sind, verspachteln, so daß Sie nun einen glatten, überstreichbaren Untergrund erhalten. Zum Verspachteln wurde hier ein handelsüblicher Feinspachtel verwendet. Eine andere Möglichkeit ist die Verwendung von Acryldichtungsmasse. Der Untergrund muß immer trocken und staubfrei sein. Wenn Ihnen keine ausreichend kleinen Spachteln zur Verfügung stehen, so können Sie sich diese leicht selbst aus kleinen Holzstücken zuschneiden. Auch hier gilt wieder: je genauer Sie arbeiten, um so weniger müssen Sie anschließend nacharbeiten.

14. Spätestens ab jetzt ist Ihre technische Kreativität gefragt. Das Halbrundprofil auf dem Rahmen wurde mit einer unbekannten Masse mit einer Auspreßpistole oder ähnlichem aufgespritzt. Für die Restaurierung wurden zwei verschiedene, selbstaushärtende Klebe- und

Dichtungsmassen ausprobiert, die mit einer Auspreßpistole aufzutragen sind. Wichtig ist, daß die Masse, für die Sie sich entscheiden, anschließend mit Farbe überstreichbar ist. Bevor Sie mit dem eigentlichen Auftragen beginnen, machen Sie auf einem Abfallholz einige Verarbeitungsproben. Tragen Sie die Masse entsprechend dem Ornamentverlauf auf den Rahmen auf.

15. Stellen Sie sich ein kleines Gefäß mit Wasser bereit und »modellieren« Sie Übergänge und Formen nach. Nach einer Trockenzeit von einigen Stunden können Sie, wenn nötig, eine zweite Schicht auftragen.

16. Der nächste Restaurierabschnitt ist das Neufassen der ergänzten Teile mit Farbe. In diesem Fall können Sie Voll- und Abtöndispersionsfarben verwenden, wie sie in jeder Farbenhandlung oder in jedem Baumarkt erhältlich sind. Ziemlich sicher wird es den Originalfarbton des Rahmens nicht als vorgemischte Farbe geben. Das bedeutet für Sie, daß Sie sich den Farbton selbst mischen müssen. Auf einer Palette, am besten aus dem selben Material, wie die neu ergänzten Teile, bringen sie einige Tropfen Farbe auf. Lassen Sie Ihre Farbproben erst trocknen, denn nach dem Trocknen verändert sich die Farbe. Rechnen Sie damit, daß die gesuchte Farbe nicht nur aus zwei, sondern aus mehreren Farben zusammengemischt werden muß. Je nachdem, wie der Auftrag zuvor war, müssen Sie die Farbe entsprechend dick oder mit Wasser verdünnt auftragen. Nachdem die Rückseite gestrichen und grundiert ist, muß die Vorderseite gestrichen werden. Es hat sich gezeigt, daß die Grundierung der Vorderseite nicht die selbe Farbe wie die Rückseite aufweist. Die Vorderseite ist im Ton heller, jedoch mit Goldfarbe nachbehandelt.
Der Rahmen erhielt ursprünglich auf der Vorderseite eine Grundierung aus sehr kräftigem Rot. An manchen Stellen ist diese Grundierung noch sichtbar. Versuchen auch Sie bei einem solchen Stück stets die ursprüngliche Farbabfolge und die ursprünglichen Farbschichten beizubehalten. Mit einem feineren Pinsel tragen Sie nun naß in naß etwas Schwarz auf.

17. Es folgt der letzte Farbauftrag mit Goldfarbe. Auch hierzu können Sie wieder Acrylfarbe verwenden, die es

14

15

16

17

18

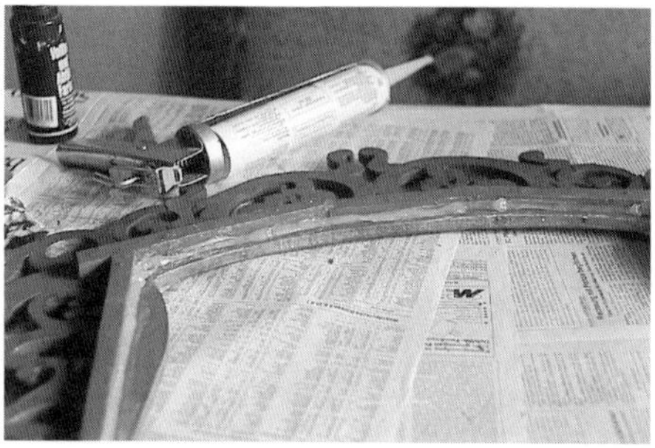
19

20

in jedem guten Farbengeschäft gibt. Verarbeiten Sie die Farbe so trocken wie möglich, d. h. ohne Zugabe von Wasser. Auf den Pinsel nehmen Sie so wenig wie möglich Farbe auf, nur soviel, daß gerade die Borstenspitzen mit Farbe bedeckt sind. Stoßen (stupfen) Sie nun die Goldfarbe auf das Ornament. Sollte der Farbauftrag zu stark erfolgt sein, so können Sie mit einem Küchentuch die überschüssige Farbe leicht wieder entfernen. Bedenken Sie aber, daß Acrylfarbe und auch Dispersionsfarbe nach dem Trocknen nicht mehr löslich sind. Farbflecken auf der Kleidung müssen Sie deshalb sofort mit Wasser auswaschen. Der Vorteil von Acrylfarbe besteht darin, daß sie im offenen Zustand wasserlöslich ist. Für welche Farbe Sie sich entscheiden, hängt vor allem davon ab, welche Farbe im Original verwendet wurde. Sollte die Goldfarbe, die Sie verwenden, nicht genau dem ursprünglichen Farbton entsprechen, so können Sie entweder der Farbe, wenn sie zu hell ist, eine Spur Braun beimischen, oder wenn sie zu dunkel ist, etwas mit Gelb aufhellen. Prüfen Sie noch einmal den Gesamteindruck des ganzen Rahmens.

18. Der letzte Arbeitsabschnitt ist das Zuschneiden und Einsetzen des Spiegels. Um die genaue Form auszumessen, fertigen Sie sich eine Schablone an. Hierzu legen Sie auf die Rückseite des Rahmens ein Zeitungs- oder Makulaturpapier. Spannen Sie das Papier und fixieren Sie es mit Klebestreifen. Zeichnen oder drücken Sie die Rahmenkante mit Bleistift durch das Papier. Schneiden Sie das Papier einige Millimeter kleiner als Ihre angezeichnete Zeichenkante aus und legen Sie die Schablone zu Probe in den Rahmen. Mit einem Folienstift übertragen Sie die Kante der Schablone auf den Spiegel. Schneiden Sie nun, wie im Grundkurs beschrieben, erst eine Hälfte des Spiegels aus. Dann machen Sie eine Probeanpassung.

19.–20. Nachdem der Spiegel ausgeschnitten ist, und zur Probe in den Rahmen gelegt wurde, schleifen Sie alle Unebenheiten, die im Rahmenfutter sind, aus. Legen Sie nun den Spiegel in ein Silikonbett und drükken Sie ihn leicht an. Anschließend fixieren Sie den Spiegel an acht Punkten mit kleinen Nägeln.